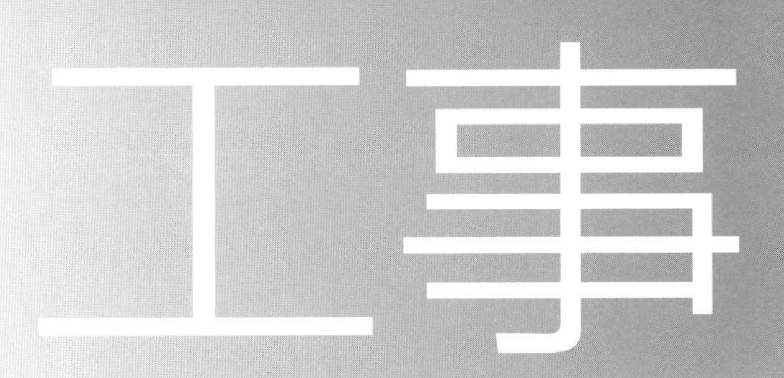

民間（旧四会）連合協定

小規模建築物・設計施工一括用工事請負等契約約款 及び リフォーム工事請負契約約款 の解説

請負

民間（旧四会）連合協定
工事請負契約約款委員会 編著

大成出版社

装丁デザイン　海保　透

はじめに

民間(旧四会)連合協定工事請負契約約款は、民間建築工事のための請負契約の条項を建築関係諸団体による検討と合同討議を経て制定し、改正してきたものです。その前身である工事請負規程は大正12年(1923)に制定されました。そして、最新では平成28年(2016) 3月に改正されました。この間の変遷を若干ご説明いたしますと、大正12年(1923)に工事請負規程が制定されて以降、3回の改正が行われました。そして、昭和26年(1951)に新しく四会連合協定工事請負契約約款として制定、4回の改正を経て、平成9年(1997)の改正時からは旧四会に加えて三会が正式に作成者として名を連ねることとなりました。これが現在の民間(旧四会)連合協定工事請負契約約款になります。約款名に(旧四会)を残しているのは、旧約款からの継続性を表すためであります。そして本年3月の改正で四会連合協定工事請負契約約款制定から11回目の改正となります。この間一貫して新築の民間建築工事の工事請負契約約款に限定して条項の追加・改正をしてきました。(詳しくは本委員会HP をご覧ください。)

最近の改正では、平成21年(2009) 5月の改正で、建築士法第25条に基づく国土交通省告示第15号の施行を契機に、同告示で示される標準業務を基本として、本約款における「監理者」に関する条項を見直し、整理しました。さらに関連条項等の改正を行いました。また、平成23年(2011) 5月の改正では、中央建設業審議会における「建設工事標準請負契約約款」改正の勧告を受けて関連条項等の改正を、また、暴排法に基づく反社会的勢力との関係遮断を受けて関連条項を改正しました。

今回の改正では、用語の定義を設定、国土交通省告示第15号及び四会連合協定建築設計・監理等業務委託契約約款における監理業務との整合化などについて条文改正を行っています。

一方、国では民法改正の動きもあり、その改正を待って本約款の改正をという意見や要望もありましたが、それとは切り離して、思い切った改正を行い、またそれと同時に全条文についてできるだけわかりやすい説明を加えた解説書を出させていただくことにしました。

しかし、この約款を取り巻く環境、さらには世界の建設市場は激変しており、建築工事の発注・契約方式も多様化の一途をたどっています。そこには建築工事に関わる建築主、設計者、監理者、請負者の果たすべき役割と責任が多様化しており、それらを規定する契約ならびに契約約款とのずれが少なからず生じているように観察されます。そのため、建築工事請負に関わる領域に軸足を置きながらも、建築工事における約款の位置づけ、新しい約款のあり方などについて、積極的に調査・研究してきました。

その成果として、三つの約款を本委員会から発行しました。ひとつは平成26年(2014)10月に「リフォーム工事請負契約約款」、二つ目は平成27年(2015) 4月に「小規模建築物・設計施工一括用 工事請負等契約約款」、三つ目には平成28年(2016) 4月に「マンション修繕工事請負契約約款」です。

上述のとおり今回の民間(旧四会)連合協定 工事請負契約約款の改正は、用語の定義、国土交通省告示第15号及び四会連合協定 建築設計・監理等業務委託契約約款での監理業務との整合化などを図ったため、できるだけ早くにその逐条解説が必要と考え、本解説書の発行に至ったものです。

この解説書は、解説書ワーキンググループの主査、委員が中心になり、執筆したものですが、本約款の改正自体は委員会の全委員の参加のもとに行われたものであり、従いまして、全委員の総意のもとで解説書発行ということができます。刊行に当たり、執筆をサポートして下さった委員各位、大成出版社の方々のご尽力に対して、記して謝意を表したいと思います。

この解説書が、委託者及び受託者など契約当事者のみならず、広く建築生産に関わる実務者、研究者にとって、役立つものとなることを願ってやみません。

平成28年(2016) 9月

民間(旧四会)連合協定 工事請負契約約款委員会
委員長　古阪　秀三

民間(旧四会)連合協定 工事請負契約約款委員会委員名簿

平成28年３月現在

委員長	古阪　秀三	（一社）日本建築学会
副委員長	古市　義人	（一社）全国建設業協会
副委員長	天野　禎蔵	（公社）日本建築家協会
主　査	後藤　伸一	（公社）日本建築士会連合会
委　員	浦江　真人	（一社）日本建築学会
委　員	北川　　勝	（一社）日本建築協会
委　員	横尾　琢磨	（一社）日本建築協会
委　員	苅谷　邦彦	（公社）日本建築家協会
委　員	本多　一藏	（一社）全国建設業協会
委　員	泉　　俊道	（一社）日本建設業連合会
委　員	村上　　大	（一社）日本建設業連合会
委　員	川崎　修一	（公社）日本建築士会連合会
委　員	板橋　弘和	（一社）日本建築士事務所協会連合会
委　員	山崎　正博	（一社）日本建築士事務所協会連合会
法律顧問	大森　文彦	弁護士　東洋大学法学部教授

小規模建築物・設計施工一括用工事請負契約等約款ワーキンググループ委員（＊執筆者）

座　長	＊泉　　俊道	鹿島建設㈱
主　査	後藤　伸一	ゴウ総合計画㈱
委　員	＊天野　禎蔵	日建設計コンストラクション・マネジメント㈱
	北川　　勝	㈱安井建築設計事務所
	横尾　琢磨	㈱大林組
	板橋　弘和	㈱久米設計
	古市　義人	（一社）全国建設業協会
	福地　　聡	大成建設㈱（旧委員）
法律顧問	大森　文彦	弁護士　東洋大学法学部教授
アドバイザー	大森　有理	弁護士
特別委員	宇和川 眞信	清水建設㈱

■ リフォーム工事請負契約約款ワーキンググループ委員（＊執筆者）

座　長	＊上條　真吾	㈱淺沼組（旧委員）
主　査	後藤　伸一	ゴウ総合計画㈱
委　員	＊天野　禎蔵	日建設計コンストラクション・マネジメント㈱
	北川　　勝	㈱安井建築設計事務所
	泉　　俊道	鹿島建設㈱
	川﨑　修一	㈱川﨑建築計画事務所
	生駒　　勝	㈱日本設計（旧委員）
	板橋　弘和	㈱久米設計
法律顧問	大森　文彦	弁護士　東洋大学法学部教授
アドバイザー	大森　有理	弁護士

■ 解説書ワーキンググループ委員

座　長	天野　禎蔵	日建設計コンストラクション・マネジメント㈱
主　査	後藤　伸一	ゴウ総合計画㈱
委　員	浦江　真人	東洋大学　理工学部建築学科教授
	北川　　勝	㈱安井建築設計事務所
	横尾　琢磨	㈱大林組
	苅谷　邦彦	㈱山下設計
	上條　真吾	㈱淺沼組（旧委員）
	泉　　俊道	鹿島建設㈱
	川﨑　修一	㈱川﨑建築計画事務所
	板橋　弘和	㈱久米設計
法律顧問	大森　文彦	弁護士　東洋大学法学部教授
アドバイザー	大森　有理	弁護士

民間（旧四会）連合協定
小規模建築物・設計施工一括用工事請負等契約約款
及び
リフォーム工事請負契約約款の解説

目　次

民間(旧四会)連合協定
小規模建築物・設計施工一括用工事請負等契約約款
及び
リフォーム工事請負契約約款の解説
［目　次］

はじめに

民間(旧四会)連合協定　工事請負契約約款委員会委員名簿等

共　通　編

Ⅰ　小規模建築物・設計施工一括用 工事請負等契約約款と
リフォーム工事請負契約約款の位置づけ …… 2
建築工事フローチャートの事例 …… 4

Ⅱ　契約の概説 …… 5
1　契約一般 …… 5
（1）契約とは …… 5
（2）契約自由の原則 …… 5
（3）契約の種類 …… 5
（4）契約の効力 …… 6
（5）契約の終了 …… 6
2　建築工事契約及び設計・工事監理契約の性格 …… 6
（1）建築工事契約と請負契約 …… 6
（2）建築工事契約と建設業法 …… 7
（3）設計・工事監理契約と委任契約 …… 7
（4）設計・工事監理契約と建築士法 …… 7

小規模建築物・設計施工一括用　工事請負等契約約款　編

Ⅰ　小規模建築物・設計施工一括用 工事請負等契約書の概説 …… 10
1　本契約約款の利用範囲 …… 10
（1）対象当事者 …… 10
（2）受注の形態 …… 10
（3）工事の規模等 …… 10

2　契約約款・同契約書式の構成と内容（及び記載要領）……………………… 11
（1）全体の構成 ……………………………………………………………… 11
（2）設計契約書 ……………………………………………………………… 11
（3）工事請負等契約書 ……………………………………………………… 13
（4）工事請負等契約約款 …………………………………………………… 14
3　その他の留意事項 ……………………………………………………………… 14
（1）住宅品確法の住宅の場合 ……………………………………………… 14
（2）建築士法上の手続きについて ………………………………………… 14
（3）契約当事者欄 …………………………………………………………… 15
4　収入印紙の貼付 ………………………………………………………………… 15
（1）設計契約書 ……………………………………………………………… 15
（2）工事請負等契約書 ……………………………………………………… 15
5　その他（融資、つなぎ融資、代理受領）………………………………… 15

Ⅱ　Q&A　小規模建築物・設計施工一括用 工事請負等契約約款書類の利用ガイド
……………………………………………………………………………………… 16
1　契約を締結するとき ……………………………………………………………… 16
（1）設計契約書 ……………………………………………………………… 16
（2）工事請負等契約書 ……………………………………………………… 17
（3）契約全般 ………………………………………………………………… 18
2　工事の施工中 …………………………………………………………………… 19
（1）工事監理 ………………………………………………………………… 19
（2）現場代理人 ……………………………………………………………… 19
（3）工事内容、請負代金額の変更 ………………………………………… 20
（4）第三者損害 ……………………………………………………………… 20
（5）天災不可抗力 …………………………………………………………… 20
（6）工事の中止、契約の解除 ……………………………………………… 21
3　完成引渡し時 …………………………………………………………………… 22
（1）完成検査 ………………………………………………………………… 22
（2）引渡し・受領 …………………………………………………………… 22
（3）工事請負代金支払い …………………………………………………… 22
4　引渡し・受領後 ………………………………………………………………… 23
（1）瑕疵担保責任 …………………………………………………………… 23
（2）維持管理・アフターサービス ………………………………………… 23

Ⅲ　小規模建築物・設計施工一括用 工事請負等契約約款　逐条解説 …… 24
第1条　総　則 …… 24
第2条　権利、義務の譲渡等の禁止 …… 26
第3条　一括下請負、一括委託の禁止 …… 27
第4条　設計図書等の内容変更業務 …… 29
第5条　工事監理 …… 31
第6条　工事請負代金内訳書、工程表 …… 33
第7条　現場代理人等 …… 34
第8条　工事材料等、支給材料等 …… 36
第9条　施工条件の相違等 …… 38
第10条　損害の防止、第三者損害 …… 40
第11条　施工について生じた損害等 …… 42
第12条　損害保険 …… 44
第13条　完成、検査 …… 46
第14条　引渡し、支払 …… 48
第15条　工事の変更、工期の変更 …… 49
第16条　工事請負代金額等の変更 …… 51
第17条　履行遅滞 …… 53
第18条　瑕疵の担保 …… 55
第19条　発注者の中止権、解除権 …… 58
第20条　受注者の中止権、解除権 …… 61
第21条　解除に伴う措置 …… 64
第22条　紛争の解決 …… 66
第23条　補　則 …… 68

Ⅳ　書式の記載例 …… 69
1　設計契約書 …… 70
2　工事請負等契約書 …… 74
3　重要事項説明書 …… 78

リフォーム工事請負契約約款　編

Ⅰ　リフォーム工事請負契約書の概説 …… 82
1　本契約約款の利用範囲 …… 82
（1）対象当事者 …… 82
（2）受注の形態 …… 82
（3）工事の規模等 …… 82
2　本契約書類の利用について …… 83
（1）リフォーム工事請負契約書類（書式・約款）平成26年(2014)10月制定 …… 83
（2）本契約書類の使用方法 …… 83
（3）契約書類原本のとじ方の例 …… 84
3　本契約書類の構成と内容（及び記載要領） …… 85
（A）リフォーム工事請負契約書 …… 85
（B）合意資料 …… 86
（C）リフォーム工事請負契約約款 …… 86
（D）第__回工事変更合意書 …… 86
（E）工事完了確認書 …… 87
4　収入印紙の貼付 …… 87
（A）リフォーム工事請負契約書 …… 87
（D）第__回工事変更合意書 …… 87

Ⅱ　Q＆A　リフォーム工事請負契約約款書類の利用ガイド …… 88
1　本契約書類について …… 88
2　工事請負契約の締結時 …… 89
3　工事施工中 …… 91
4　工事完了時 …… 92
5　工事完了後 …… 93

Ⅲ　リフォーム工事請負契約約款　逐条解説 …… 94
第1条　総　則 …… 94
第2条　権利、義務の譲渡などの禁止 …… 97
第3条　一括下請負・一括委任の禁止 …… 98
第4条　発注者が委託するアドバイザー …… 99
第5条　工程表 …… 100
第6条　技術者など …… 101

第７条　工事材料等、支給材料等 …… 103
第８条　施工条件の変更 …… 104
第９条　損害の防止、第三者損害 …… 105
第10条　施工について生じた損害等 …… 106
第11条　完了の確認 …… 107
第12条　完了手続き、支払 …… 108
第13条　工事の変更、工期の変更、工事請負代金額の変更 …… 109
第14条　履行遅滞 …… 110
第15条　瑕疵の担保 …… 111
第16条　発注者の解除権 …… 113
第17条　受注者の解除権 …… 114
第18条　紛争の解決 …… 116
第19条　補　則 …… 117
■資料（特定商取引に関する法律の適用を受ける場合のクーリングオフについての説明書）…… 118

Ⅳ　書式の記載例 …… 121

1　リフォーム工事請負契約書 …… 122
2　打合せ内容・依頼事項書（スケッチを含む） …… 123
3　リフォーム工事　仕上表 …… 124
4　工事変更合意書 …… 126
5　工事完了確認書 …… 127

参考資料　編

1　関連法令　条文（抄） …… 130

○ 建設業法（抄）…… 130
○ 建設業法施行令（抄）…… 131
○ 建築士法（抄）…… 132
○ 建築基準法（抄）…… 133
○ 住宅の品質確保の促進等に関する法律（抄）…… 133
○ 住宅の品質確保の促進等に関する法律施行令（抄）…… 134
○ 特定住宅瑕疵担保責任の履行の確保等に関する法律（抄）…… 135
○ 建設工事に係る資材の再資源化等に関する法律（抄）…… 135
○ 仲裁法（抄）…… 135
○ 民法（抄）…… 135

2　全国の建設工事紛争審査会事務局連絡先 …… 141
3　民間（旧四会）連合協定 工事請負契約約款委員会構成七団体及び
各種工事請負契約約款販売所 …… 142

共　通　編

Ⅰ　小規模建築物・設計施工一括用 工事請負等契約約款と
リフォーム工事請負契約約款の位置づけ
Ⅱ　契約の概説

I

小規模建築物・設計施工一括用 工事請負等契約約款とリフォーム工事請負契約約款の位置づけ

（1） 民間(旧四会)連合協定 工事請負契約約款委員会（以下「当委員会」といいます。）では、既に民間建築工事を対象として、民間(旧四会)連合協定 工事請負契約約款（以下「民間連合工事約款」といいます。）を発行し、我が国の民間建築工事において広く使用されています。

この民間連合工事約款は、比較的規模の大きな新築建物の建築工事で、かつ設計者、監理者、施工者がそれぞれ分離した役割の工事において使用されることを前提としています。

（2） しかしながら、一般的な工務店等が請負う、個人住宅を中心とする比較的規模の小さな建築物の建設工事においては、受注者が発注者から設計・施工・工事監理までを一括して請負う場合も多く、これに適合した契約約款がありません。

また、個人住宅やマンション住戸などの修繕・改修工事を行う、いわゆるリフォーム工事においては、建築確認申請の必要もなく、設計者や工事監理者といった建築士の規定に掛らない規模の小さな工事が多く、建築士が関与し建築確認申請を必要とする新築工事を対象とした契約約款の使用は必ずしも適切とはいえません。

このようなリフォーム工事と乖離した契約を締結することは、当事者間において無用な紛争・トラブルを招きかねません。

（3） そこで、当委員会としては、発注者・受注者間の対等な立場における公正な契約の締結を目指して、民間連合工事約款などの調査・研究において培ってきた考え方・ノウハウを基に、社会的ニーズの多い小規模建築物の設計施工一括工事用とリフォーム工事用の発注形態・契約形態に適合した契約約款の策定が必要であると考え、鋭意検討を行ってきましたが、今般、次の二つの契約約款を制定し、発行するに至りました。

① 小規模建築物における設計施工一括発注専用の工事請負等契約約款として
「小規模建築物･設計施工一括用 工事請負等契約約款」

② 住宅やマンション住戸などのリフォーム工事を対象とした工事請負契約約款として
「リフォーム工事請負契約約款」

なお、建築工事を実施する場合の両契約約款の位置づけについては、次頁の「建築工事フローチャートの事例」を参照して下さい。

(4) この両契約約款の基本的な考え方及び条文構成は民間連合工事約款を踏襲しながらも、設計施工一括工事及びリフォーム工事といったそれぞれの特殊性を考慮した内容となっています。

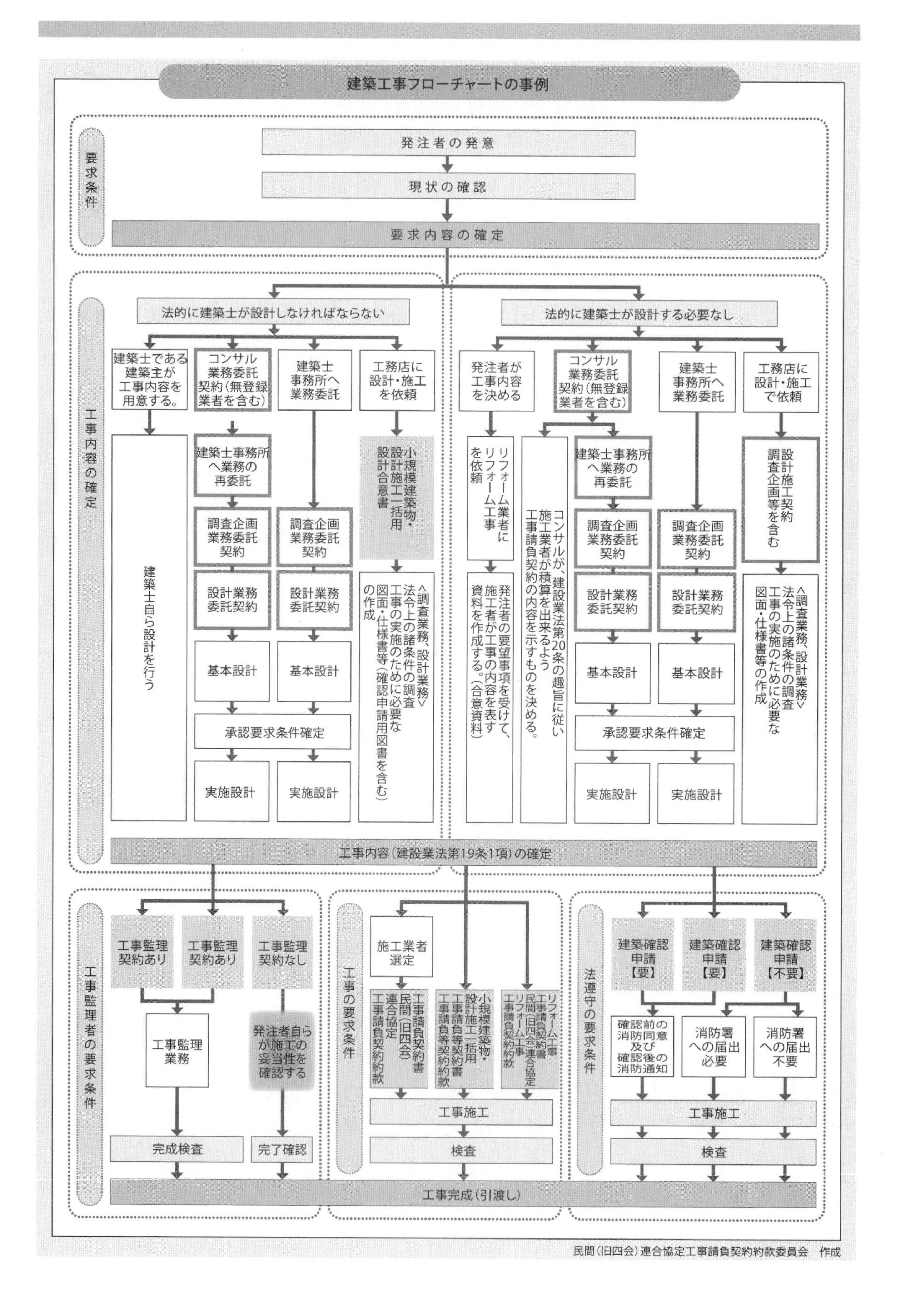
建築工事フローチャートの事例
要求条件
発注者の発意
現状の確認
要求内容の確定
工事内容の確定
法的に建築士が設計しなければならない
法的に建築士が設計する必要なし
建築士である建築主が工事内容を用意する。
コンサル業務委託契約(無登録業者を含む)
建築士事務所へ業務委託
工務店に設計・施工を依頼
発注者が工事内容を決める
工務店に設計・施工で依頼
建築士自ら設計を行う
建築士事務所へ業務の再委託
調査企画業務委託契約
設計業務委託契約
基本設計
承認要求条件確定
実施設計
小規模建築物・設計施工一括用設計合意書
<調査業務、設計業務>法令上の諸条件の調査工事の実施のために必要な図面・仕様書等(確認申請用図書を含む)の作成
リフォーム業者にリフォーム工事を依頼
発注者の要望事項を受けて、施工者が工事の内容を表す資料を作成する。(合意資料)
コンサルが、建設業法第20条の趣旨に従い施工業者が積算を出来るよう工事請負契約の内容を示すものを決める。
設計施工契約 調査企画等を含む
<調査業務、設計業務>法令上の諸条件の調査工事の実施のために必要な図面・仕様書等の作成
工事内容(建設業法第19条1項)の確定
工事監理者の要求条件
工事監理契約あり
工事監理契約なし
工事監理業務
発注者自らが施工の妥当性を確認する
完成検査
完了確認
工事の要求条件
施工業者選定
民間(旧四会)連合協定工事請負契約約款
小規模建築物・設計施工一括用工事請負等契約書工事請負等契約約款
リフォーム工事民間(旧四会)連合協定リフォーム工事請負契約書工事請負契約約款
工事施工
検査
法遵守の要求条件
建築確認申請【要】
建築確認申請【不要】
確認前の消防同意及び確認後の消防通知
消防署への届出必要
消防署への届出不要
工事完成(引渡し)
民間(旧四会)連合協定工事請負契約約款委員会 作成

契約の概説

1　契約一般

（1）　契約とは

契約は、当事者間に権利義務関係を生じさせる拘束力のある約束であり、基本的には「申込み」と「承諾」によって成立します。改まって契約というと特別な法律上の行為のように思うかもしれませんが、当事者双方の意思の合致、つまり合意があれば、口頭であれ、書面であれ、契約として成立します（これを「諾成契約」といいます。）。

「私の家を（このように）設計して（いつまでにいくらで）建てて下さい。」とか「私の家の壁紙を張替えて下さい。」との発注者からの口頭での「申込み」に対して、工務店やリフォーム業者が「はい。分かりました。」と「承諾」すれば、ここに契約が成立することになります。

（2）　契約自由の原則

契約を、誰と、どのような内容で、どのような方式で締結するかは、法に反しない限度で、原則として、当事者の自由な意思に委ねられています。これを「契約自由の原則」といいます。

従って、住宅の設計・監理契約、工事請負契約やリフォーム工事の契約を締結する場合、当事者自らが望む内容・方式で自らが好む相手と合意し契約すれば、その契約内容に従った法的効果が生じることになります。

（3）　契約の種類

民法は、売買、賃貸、請負、委任等の13種類の典型契約について規定していますが、住宅の設計及び工事監理は準委任契約に該当しますし（設計については、請負契約とする考え方もありますが、本書では準委任契約ととらえています。以下同じです。）、建築工事契約や修繕・改修・リフォーム工事契約は請負契約に該当することになります。

従って、小規模建築物・設計施工一括用契約約款のうち、設計や工事監理に関する規定は、準委任契約、建築工事に関する規定は請負契約ということになりますし、リフォーム工事契約約款は全体として請負契約ということになります。

（4） 契約の効力

契約が成立すると、原則として、合意内容に従った法的拘束力が生じ、当事者はその合意内容に従った履行をしなければなりません。

一方、当該契約に違反した場合は、契約で定めた責任（ペナルティー）が課されることになります。仮に契約で定めていない場合でも、民法で定める一定の要件のもと、損害賠償等の責任が生じることになりますし、場合によっては契約の解除がなされることになります。

（5） 契約の終了

契約の当事者は、契約が一旦成立すれば原則としてお互いがその契約に拘束され、契約の内容どおりに債務を履行する義務を負うことになりますが、その債務をすべて履行すれば、債務は消滅し契約は終了します。

また、債務が全て履行される前であっても、このまま契約を継続するより一旦契約を終了させ清算した方が良いと考えられる場合もあります。

そこで民法では、一定の要件が備わった場合に契約を解除できる旨を規定していますが、当事者同士で、一定の場合には一方から契約解除ができる旨を契約であらかじめ決めておくこともできます（これを「約定解除」といいます。）。両約款では、ともに約定解除に関する定めを置いています。

2 建築工事契約及び設計・工事監理契約の性格

（1） 建築工事契約と請負契約

請負契約とは、当事者の一方（請負者）がある仕事を完成することを約し、相手方（注文者）がその仕事の結果に対して報酬を与えることを約する契約であり（民法第632条）、他人の労務を利用する契約の一種です。

ただし、請負契約は、労務の提供を手段として一定の仕事を完成させることを目的としている点において、雇用契約や委任契約とは異なっているといえます。

そして、請負契約の典型例が建築工事の契約といわれています。建築工事契約は、施工者（請負者）が工事（仕事）を完成することを約し、建築主（注文者）が工事

（仕事）の結果に対して請負代金（報酬）を支払うことを約する契約だからです。

なお、請負契約における請負者の主たる義務は、仕事完成義務と目的物引渡し義務であり、それに対して注文者の主たる義務は報酬支払義務ということになります。

小規模建築物契約約款及びリフォーム工事契約約款のうち建築工事契約に係る部分については、請負契約であるといえます。

（2） 建築工事契約と建設業法

建築工事契約に関しては、当事者間の合意内容を明確にし、後日の紛争防止のために、建設業法第19条により、「建設工事の請負契約の当事者は（中略）、契約の締結に際して次に掲げる事項を書面に記載し、署名又は記名捺印をして相互に交付しなければならない。」として、書面による契約が義務付けられています。

契約書には、工事内容、請負代金額、工期等を含めた14項目の内容を記載する必要があります。*1 この法定記載事項全てを盛り込んだ契約書を取り交さないと建設業法違反になります。

小規模建築物契約約款のうち建築工事契約に係る部分及びリフォーム工事契約約款（同契約書式を含む）については、上記、建設業法第19条に規定する14項目がすべて盛り込まれていますので、これらの契約書式・約款を使用して契約する限り建設業法違反になることはありません。

（3） 設計・工事監理契約と委任契約

委任契約と準委任契約に共通することは、「一定の行為」の遂行を目的としていることです（民法第643条及び第656条）。これらの契約の最大の特徴は、委任契約であれば「法律行為」、準委任契約であれば「法律行為でない事務」のような、「一定の行為」について、受注者が「善良な管理者の注意義務」（以下、「善管注意義務」といいます。）を負うことです（民法第644条）。

設計委託契約と工事監理委託契約については、一般的に、一定の行為（設計業務又は工事監理業務）の遂行を目的とした準委任契約であるとされており、受託者は業務遂行に関して、善管注意義務を負うことになります。

本件小規模建築物契約約款及び同契約書式のうち、設計委託契約及び工事監理委託契約に係る部分については、準委任契約であるといえます。

（4） 設計・工事監理契約と建築士法

建築士法では、設計委託契約又は工事監理委託契約を締結する前に、受託者（建築士事務所の開設者）は、管理建築士又は所属建築士をして当該契約の重要な事項*2に関して、委託者（建築主）に対して、書面を交付して説明する必要があります（建築士法第24条の７）。

そして、受託者は当該契約を締結した後、遅滞なく、一定の法定事項*3を記載した書面を委託者に交付しなければなりません（建築士法第24条の８）。

なお、改正建築士法（平成27年６月25日施行）では、延べ面積300㎡を超える建築物の設計契約及び工事監理契約に関しては、一定の法定事項を記載した書面による契約が義務付けられましたが、本件小規模建築物契約約款及び同契約書式はこの改正建築士法に対応した内容になっています。

従って、これを使用して契約した場合は、上記第24条の８書面の交付は不要となります（改正建築士法第22条の３の３第５項）。

〈注記〉

＊1　一　工事内容　二　請負代金の額　三　工事着手の時期及び工事完成の時期　四　請負代金の全部又は一部の前金払又は出来形部分に対する支払の定めをするときは、その支払の時期及び方法　五　当事者の一方から設計変更又は工事着手の延期若しくは工事の全部若しくは一部の中止の申出があつた場合における工期の変更、請負代金の額の変更又は損害の負担及びそれらの額の算定方法に関する定め　六　天災その他不可抗力による工期の変更又は損害の負担及びその額の算定方法に関する定め　七　価格等（物価統制令（昭和21年勅令第118号）第２条に規定する価格等をいう。）の変動若しくは変更に基づく請負代金の額又は工事内容の変更　八　工事の施工により第三者が損害を受けた場合における賠償金の負担に関する定め　九　注文者が工事に使用する資材を提供し、又は建設機械その他の機械を貸与するときは、その内容及び方法に関する定め　十　注文者が工事の全部又は一部の完成を確認するための検査の時期及び方法並びに引渡しの時期　十一　工事完成後における請負代金の支払の時期及び方法　十二　工事の目的物の瑕疵を担保すべき責任又は当該責任の履行に関して講ずべき保証保険契約の締結その他の措置に関する定めをするときは、その内容　十三　各当事者の履行の遅滞その他債務の不履行の場合における遅延利息、違約金その他の損害金　十四　契約に関する紛争の解決方法

＊2　一　設計受託契約にあつては、作成する設計図書の種類

二　工事監理受託契約にあつては、工事と設計図書との照合の方法及び工事監理の実施の状況に関する報告の方法

三　当該設計又は工事監理に従事することとなる建築士の氏名及びその者の一級建築士、二級建築士又は木造建築士の別並びにその者が構造設計一級建築士又は設備設計一級建築士である場合にあつては、その旨

四　報酬の額及び支払の時期

五　契約の解除に関する事項

六　前各号に掲げるもののほか、国土交通省令で定める事項

＊3　一　前条第一項各号に掲げる事項

二　設計又は工事監理の種類及び内容（前号に掲げる事項を除く。）

三　設計又は工事監理の実施の期間及び方法（第一号に掲げる事項を除く。）

四　前三号に掲げるもののほか、設計受託契約又は工事監理受託契約の内容及びその履行に関する事項で国土交通省令で定めるもの

小規模建築物・設計施工一括用
工事請負等契約約款 編

Ⅰ　小規模建築物・設計施工一括用 工事請負等契約書の概説

Ⅱ　Q＆A 小規模建築物・設計施工一括用 工事請負等契約約款書類の利用ガイド

Ⅲ　小規模建築物・設計施工一括用工事請負等契約約款　逐条解説

Ⅳ　書式の記載例

I

小規模建築物・設計施工一括用
工事請負等契約書の概説

1 本契約約款の利用範囲

(1) 対象当事者

発注者は、建築主（建売事業主を含む。）で、受注者は、建設業の許可を取得しており、かつ建築士事務所開設の登録を行っている者（個人又は法人）です。

(2) 受注の形態

受注者が、発注者から、設計・施工・工事監理までを一括して引受ける工事が対象です。

(3) 工事の規模等

一般工務店が引受ける個人住宅や小規模な商業・事務所ビルなど、ひとつの目安として工事請負代金額5,000万円程度までの小規模建築物の建設請負工事を想定しています。

また、民間連合工事約款と同様、新築工事を前提としています。

〈注記〉

改正建築士法（平成27年６月25日施行）では、延べ面積が300㎡を超える建築物に係る設計受託契約及び工事監理受託契約に関しては書面による契約が義務化されましたが、本契約約款・同契約書式は、延べ面積が300㎡を超えるか否かにかかわらず、上記小規模建築物の建築請負工事において使用できます。

2　契約約款・同契約書式の構成と内容（及び記載要領）

（1）　全体の構成

本契約約款・同契約書式では、受注者が設計・施工・工事監理までを一括して受注することを前提に、第一段階は、設計契約書を取り交わしたうえで、調査業務、関係機関との協議、設計業務、建築確認申請代行業務など（以下、合せて「設計等業務」といいます。）を行い、設計等業務が完了した段階で、施工と工事監理業務に関する工事請負等契約書を締結するという二段階の手続きを前提としています。

（2）　設計契約書

① 設計契約書は、受注者が発注者からの委託を受けて、計画敷地の測量、地盤・地質調査等、官公庁等関係機関との協議、確認申請用図書を含む図面・仕様書等の作成業務を始めるに当たって、当事者間で締結する建築士法上の設計受託契約です。

② 「4．設計等業務の種類、内容及び実施方法」欄（記載例　70頁）

「（1）調査業務」では、敷地測量、境界立会、地盤・地質調査、その他調査業務のうち、発注者が委託する業務の□欄にチェックを付します。さらに、その他調査業務については、具体的に委託する調査業務の内容を記載します。

「（2）設計業務の種類、内容及び実地方法」では、実施方法も含めた標準的な設計業務をａ～ｈに列挙してあります。発注者が委託しない業務は削除する必要がありますが、これらはすべて標準的な業務であることから、削除するには発注者に十分説明する必要があります。

「（3）その他業務」では、発注者が建築確認申請等代行業務を委託する場合には、□欄にチェックを付します。これ以外にも発注者が、調査業務、設計業務以外に委託する業務があれば、具体的にその内容を記載します。

この設計契約書に基づいて設計図書等の作成と当該設計図書等の内容の説明及び概算工事費の説明がなされたあと、当該設計図書等に基づいて工事費の見積書が作成され、工事請負代金額の交渉、合意を経て、別途、所定の工事請負等契約書を締結することになります。

③ 「5．設計等業務において作成する設計図書等」欄（記載例　71頁）

受注者がこの設計契約書に基づいて作成する設計図書等の種類を記載することになります。

なお、平面図、立面図、断面図、設備図、仕様書は必須作成設計図書としてあらかじめチェックが入っています。この他に配置図、仕上概要表、工事費概算書などの作成を必要とする場合は、この欄に手書きで記入し、チェックすることになります。

④ 「6．設計等業務の実施期間」欄（記載例　71頁）

設計等業務の実施期間については、終期は「工事着手まで」となっていますが、これは工事請負等契約書を締結する時点では、設計契約書に基づく設計がすべて終了し、設計図書が確定していること及びその設計図書を設計契約書に添付することを前提にしています。従って「工事着手まで」となっています。

ただし、「4.（2）e．工事材料、設備機器等の選定に関する検討、助言」については、国土交通省告示第15号において、工事着手後の実施設計業務となっていることから、その点を考慮し、「ただし、4.（2）e．は工事完了までの間、適宜」との文言を加え、工事材料、設備機器等の選定に関する検討・助言は、必要により工事着手後でも行う必要があることを明らかにしました。

⑤ 「7．設計等業務報酬額と支払の時期」欄（記載例　71頁）

設計契約書で委託する設計等業務に係る報酬額とその支払時期を記載します。

なお、工事着手後に設計等業務の変更が必要となる場合は、この後、別途、締結される工事請負等契約書と同約款に基づいて、当事者間でその内容・報酬額等を合意することになります。

⑥ 「8．設計等業務に従事することとなる建築士」欄（記載例　71頁）

設計等業務に従事することとなる建築士に関し、氏名とともに、一級、二級、木造の別と登録番号を明記する必要があります。また建築設備士が従事する場合はその者についても資格、氏名と登録番号を記載します。

⑦ 「9．設計等業務の再委託」欄（記載例　71頁）

・建築士法第24条の3では、共同住宅で、階数が3でかつ床面積の合計が1,000㎡以上の建築物の新築工事に係る設計業務に関しては、一括して他の第三者に委託してはならないことになっています。（改正建築士法では、延べ面積が300㎡を超える建築物の新築工事に係る設計業務が制限の対象になります。）（1）項では、建築士法の条項を引用することでこのことを明記しました。

なお、上記制限に掛らない建築物に係る設計業務に関しては、一括して他の第三者に委託することは可能です。

・設計等業務を他の第三者に委託（再委託）する場合は、（2）項において、委託する業務の概要と委託先建築士事務所の名称、所在地を記載します。

ただし、上記のように建築士法第24条の3の規定により、一括再委託が禁止されているものについては、全部ではなく、設計業務の一部の再委託に限られます。

なお、この契約締結時点で、再委託するか否か未定の場合には記載する必要はありません。後日、再委託する場合は、所定の項目に記載して提出する必要があります。

⑧ 「受注者の建築士事務所登録に関する事項」欄（記載例　72頁）

改正建築士法においては、受注者の建築士事務所の名称、所在地、級別、開設者の氏名等一定の法定事項を契約書に記載することが求められていることから、この記載欄が設けられています。この記載を省略することはできません。

（3） 工事請負等契約書

① 工事請負等契約書は、設計契約書により作成された設計図書等に基づき、当事者間で工事請負代金額の交渉が行われ合意がなされたあとに、当該設計図書等を工事内容として確定・添付して締結される施工及び工事監理業務に関する契約書です。

工期、工事請負代金額といった施工関連事項と工事監理業務報酬、実施期間といった工事監理関連事項に関しての取り決めが主体となります。

なお、工事監理業務に関する受託契約がこの段階で成立しますので、受注者は、発注者に対し、設計等業務と同様に、この契約の締結前に（必要によっては設計等業務と同時に）建築士法第24条の7の重要事項の説明が必要になります。

② 「6．工事監理業務の種類、内容及び実施方法」欄及び「7．工事監理業務における工事と設計図書との照合方法及び工事監理の実施状況に関する報告の方法」欄（記載例 75頁）

工事監理業務の種類、内容及び実施方法については、約款第5条に定められています。工事と設計図書との照合方法欄には、一般的な照合方法である立合い確認、書類確認又はその併用による方法で行うこと（設計図書に記載があればその方法も含む。）、また、実施状況報告は、建築士法第20条第3項に規定する工事監理報告書の提出をもって行うことを記載しています。

なお、上記記載事項を加除修正する場合は特約欄を利用して下さい。

③ 「8．工事監理業務に従事することとなる建築士」及び「9．工事監理業務の委託先」欄（記載例 75頁）

設計等業務と同様に、工事監理業務に従事する建築士の氏名、資格、登録番号を、また工事監理業務の一部を再委託する場合（再委託しない場合は不要）は、委託する業務の概要と委託先建築士事務所の名称・所在地を記載することとなります。

なお、工事監理業務に関しても、第三者に一括して委託（再委託）することが制限される範囲については、設計業務と同様ですから注意して下さい（（2）⑦参照）。

④ 「10．建設工事に係る資材の再資源化等に関する事項」欄（記載例 75頁）

この工事が、建設工事に係る資材の再資源化等に関する法律第9条第1項に規定する対象建設工事の場合は、（1）解体工事に要する費用、（2）再資源化等に要する費用、（3）分別解体等の方法、（4）再資源化等をする施設の名称及び所在地についてそれぞれ記入する必要があります。

⑤ 「11．特定住宅建設瑕疵担保責任の履行に関する事項」欄（記載例 76頁）

対象工事が「住宅の品質確保の促進等に関する法律」（以下「住宅品確法」といいます。）第2条第2項に規定する「新築住宅」に該当する場合、受注者は、特定住宅瑕疵担保責任の履行の確保等に関する法律に基づいて、受注者が講ずべき資力確保措置の内容のうち、責任保険への加入で対応する場合は、保険法人の名称、保険金額等の必要事項を記入します。

受注者が保証金の供託で対応する場合は、発注者に供託所の所在地及び名称等を別途書面を交付して説明する必要があります。

（4） 工事請負等契約約款

この契約約款は、施工に関する規定は、概ね民間連合工事約款を簡易・簡便化の観点から、条文を整理したものになっていますが、同約款と大きく異なる点は、設計・施工一括を前提とするため、設計等業務及び工事監理業務に関する規定が加わっているところです。なお、この約款は、改正建築士法に対応した内容となっています。

3 その他の留意事項

（1） 住宅品確法の住宅の場合

対象工事の目的物又はその一部が住宅品確法第2条第1項に定める新築住宅に該当する場合は、次の点に留意してください。

① 受注者は、住宅品確法第6条第1項に定める設計住宅性能評価書もしくはその写し（以下「設計性能評価書等」といいます。）を工事請負等契約書に添付し、又は発注者に交付した場合においては、設計性能評価書等に表示された性能を有する住宅を完成して引渡すことを約したものとみなされます。ただし、受注者が工事請負等契約書においてこれと反対の意思表示をしているときは、これを約したものとはみなされません。

② 住宅品確法第6条第3項に定める建設住宅性能評価書の交付を受けた住宅の工事請負契約の当事者間に紛争が生じた場合は、住宅品確法第66条に定める指定住宅紛争処理機関のあっせん、調停又は仲裁によってその紛争の解決を図ることができます。

ただし、指定住宅紛争処理機関の仲裁に付すことができるのは、当事者間で仲裁合意書を締結した場合に限ります。

（2） 建築士法上の手続きについて

① 建築士法第24条の7の重要事項説明について

受注者は、設計契約書を取り交す前に、発注者に対し、建築士法第24条の7の規定に基づき、作成する設計図書の種類や報酬額などの重要事項の説明を書面により行う必要があります。

また、同様に、工事請負等契約書を締結する前には、工事監理業務に関し重要事項の説明を書面により行う必要があります。

② 建築士法第24条の8の書面について

建築士法第24条の8では、設計契約又は工事監理契約を締結したときは遅滞なく、受注者は発注者に対して一定の事項を記載した書面を交付することとしていますが、同法第24条の8に定める記載事項をすべて盛り込んだ本設計契約書又は本工事請負等契約書（＋約款）を締結した場合、設計契約又は工事監理契約に関する同法第24条の8書面の交付は不要となります。

なお、同第24条の7の重要事項説明書並びに業務完了後に受注者が発注者に提出する工事監理報告書については、同封の所定書式を利用して下さい。

（3） 契約当事者欄

① 設計契約書

受注者欄は、法人である場合は、その代表者又は契約締結権限を授権された者（例えば支店長など）が署名又は記名押印します。

② 工事請負等契約書

受注者欄は、法人である場合は、その代表者又は契約締結権限を授権された者（例えば支店長など）が署名又は記名押印します。

4 収入印紙の貼付

（1） 設計契約書

設計契約書は、印紙税法上は請負契約とみなされ、設計等業務報酬額の記載金額に応じた印紙の貼付が必要になります。

（2） 工事請負等契約書

工事請負等契約書については、建設工事に係る請負金額及び工事監理業務報酬額の合計額に応じた印紙の貼付が必要になります。（工事監理業務に関しては、印紙税法上は委任契約とみなされ印紙が不要ですが、一枚の工事請負等契約書に工事請負契約と合わせて記載されていますので、工事請負金額と工事監理業務報酬額の合計額となります。）

（注）なお、印紙に関しては、貼付印紙代、軽減措置の対象となるか否かなど、個別案件に応じて、国税庁等に確認して下さい。

5 その他（融資、つなぎ融資、代理受領）

個人住宅の建築工事の場合など、金融機関からの融資、つなぎ融資及び融資金の代理受領などに関して、取り決めが必要になる場合は、特約を設けるなどして使用して下さい。

Ⅱ

Q&A
小規模建築物・設計施工一括用
工事請負等契約約款書類の利用ガイド

1　契約を締結するとき

（1）　設計契約書

Q1） 設計契約書は、どの時点で取り交わすのですか？

A） 発注者と受注者が十分に話し合い、どのような建物にするかの仕様・構造等が概ね決まった後に、建築士法第24条の7に基づく設計契約の内容等に関する重要事項説明を行い、発注者が受注者に対して設計業務を正式に依頼することになったときに取り交わします。通常は、基本設計業務に入る前に取り交すことになります。

Q2） 設計業務に関しては、特に契約書を取り交さずに、工事着手の段階で工事契約だけを締結することではいけないでしょうか？

A） 改正建築士法（平成27年6月施行）では、設計受託契約及び工事監理受託契約に関し、延べ面積300㎡を超える建築物について、書面による契約が義務付けられましたので、工事契約を締結しただけでは建築士法に抵触することになります。

Q3） 私の発注する建物は、300㎡以下の建築物ですが、この設計契約書を使って契約しても良いのでしょうか？

A） この設計契約書は、延べ面積が300㎡を超えるか否かにかかわらず、小規模建築物（一般工務店が引受ける個人住宅や小規模な商業・事務所ビルなど5,000万円程度

（目安）までの建築物）に使用できます。

Q4）受注者に依頼する設計業務の内容はどのようなものがありますか？

A）設計契約書4．に（1）調査業務（2）設計業務（3）その他業務として挙げられています。設計業務は、最低限必要な基本業務を列挙してあります。調査業務には、敷地調査、境界立会、地盤・地質調査等がありますが、いずれもオプション業務ですので、チェックボックスを利用して必要により選択して下さい。

Q5）受注者が設計等業務において作成する成果物（設計図書）には、どのようなものがありますか？

A）設計契約書5．では、平面図、断面図、立面図、設備図、仕様書を、受注者が必ず作成しなければならない、必須作成設計図書として挙げています。

これ以外の図面の作成を必要とする場合は、受注者と相談し、双方合意の上この欄に当該設計図書の種類を書き込んで下さい。

Q6）設計等業務に従事することとなる建築士（建築設備士が従事する場合はその者も含む。）が途中で交代になりました（又は追加となりました。）。何かする必要がありますか？

A）改正建築士法（平成27年6月施行）では、300㎡を超える建築物に関しては、設計業務に従事することとなる建築士等の氏名、資格、登録番号等は、契約書の法定記載事項です。交代変更、追加変更の場合であっても、発注者・受注者間で書面による変更契約を締結しなければなりません（改正建築士法第22条の3の2第2項）。

このことは、工事監理者が交代、追加になる場合も同様です。

Q7）設計業務が概ね完了しましたが、工事費で合意ができず、工事請負等契約書を取り交すことができません。どうなりますか？

A）設計契約はここで終了となります。設計契約書第7項で、設計業務における成果物等の取り扱い、設計報酬の精算等について双方協議して決定することになります。

（2） 工事請負等契約書

Q8）工事請負等契約書は、どの時点で締結するのですか？

A）設計契約書に基づく設計図書が完成し、当事者間で請負代金と工期の目処がついた時点で、建築士法第24条の7に基づく工事監理契約の内容等に関する重要事項説明を行い、その後契約を締結します。

Q9）工事監理も受注者である工務店にお願いしてあります。工事請負等契約書に工事監理に関しての記載欄がありますが、記載する必要がありますか？

A） この工事請負等契約には、工事監理受託契約も含まれます。

改正建築士法では、工事監理受託契約にあたっては、工事監理業務の種類、内容及び実施方法、工事監理業務における工事と設計図書との照合方法及び工事監理の実施状況に関する報告の方法、工事監理に従事する建築士の氏名、資格、登録番号などを記載した契約書を取り交さなければなりません。このことは、施工を行う工務店に工事監理を依頼する場合も同様です。

Q10） 工事代金支払いは、部分払いでも良いのでしょうか？

A） 一括払い（全額前払い、全額完成時払い）でも部分払いでも構いません。契約書には、契約時、中間時、完成時払いの記載欄を設けていますので、受注者と十分協議して決めて下さい。

（3） 契約全般

Q11） 設計施工一括で請け負う戸建て住宅の工事について、これまで通り、民間連合工事約款を使用してはいけないでしょうか？

A） 違法ではありませんが、民間連合工事約款は、工事請負契約用であり、設計・監理業務に関する規定が不足しており、民間連合工事約款を使用する場合は、これとは別に設計及び工事監理に関する契約内容を取り決める必要があります。

Q12） この約款は、増改築、リフォーム、リニューアル工事でも使えるのですか？

A） あくまでも新築工事を想定しており、増改築、リフォーム、リニューアル工事での使用は想定していません。（因みに、工事だけなら、リフォーム工事請負契約約款があります。）

Q13） 設計契約書と工事請負等契約書を同時に結んではいけませんか？

A） 本来、建物の工事請負契約は、設計の内容（建物の規模・仕様）が決まった後に、それを基に請負代金額及び工期を当事者間で合意して初めて締結されるものです。従って、二段階に分けての契約が必要になります。

Q14） 受注者が、この設計契約書又は工事請負等契約書を取り交せば、これまで受注者が行っていた、建築士法第24条の８書面の交付は、不要になるといっていますが本当でしょうか？

A） 改正建築士法では、300㎡超の建築物に関する設計又は工事監理に関しては、法定記載事項を記載した契約書を取り交した場合は、法第24条の８書面の交付は必要ないと規定しています。この点は、300㎡以下の建築物に関するものであっても同様の運用がなされます。

そして、この設計契約書には設計に関する法定記載事項が充足されており、また工事請負等契約書には工事監理に関する法定記載事項が充足されているので、これらを取り交しておけば、別途に第24条の８書面を交付する必要はありません。

Q15）契約書に建築士事務所の情報を記載する欄がありますが、今回、受注者はこの欄を空欄のままで、記名押印欄に印のみを押してきました。これでも良いのでしょうか？

A）改正建築士法では、建築士事務所の名称、所在地、級別並びに開設者の氏名又は法人の名称、登録番号を記載した契約書を取り交すことが義務化されました（300㎡超の建築物の場合）。したがって、改正建築士法の下では、建築士事務所の情報を記載する欄を空欄のまま契約することはできません。

Q16）受注者（法人）は、契約書に開設者（法人の場合は代表者）とは異なる支店長名で記名押印してきました。これでも良いのでしょうか？

A）受注者（法人）の内部において、当該代表者から正当に契約締結権限を授権されている者であれば、例えば支店長などでも構いません。不安であれば代表者からの委任状を提出してもらっても良いかもしれません。

2　工事の施工中

（1）工事監理

Q17）工事監理とは、誰がどのようなことを行うのですか？

A）約款第５条により、受注者が開設した建築士事務所に所属する建築士法に定める資格を有する者（建築士）が選定され、その者が監理者として、同条のａ～ｃに記載した工事監理業務を行うことになります。

Q18）契約時に合意した工事監理者は、あまり現場にも来ず、熱心に工事監理業務を遂行しているとは思えないので交代を要求したいのですが可能でしょうか？

A）約款第７条（３）では、受注者の現場代理人、主任技術者又は監理技術者の交代に関する定めはありますが、工事監理者に関しては特に規定がありません。工事監理者は、契約書面で合意することになっていますので、交代する場合は、受注者の同意を得て、書面による変更契約を締結する必要があります。

（2）現場代理人

Q19）受注者の現場代理人の態度が悪く、なかなかいうことを聞いてくれません。交代させることはできるでしょうか？

A） 約款第７条（３）により、理由を示した書面をもって、現場代理人の交代等の必要な措置を求めることができます。ただし、恣意的なものは認められず、工事の施工又は管理に関して「著しく適当でない」と客観的に認められる必要があります。

（３）　工事内容、請負代金額の変更

Q20） 施工中に、建物の仕様を一部変更しようと思いますが、可能ですか？

A） 発注者は、約款第４条の定めに基づいて、設計図書等の変更を求めることができますが、受注者は発注者に対し、設計図書の変更業務に係る設計報酬の増額を求めることができます。

そして、発注者は、約款第15条の定めに基づいて、必要により建築確認の変更申請を行ったうえで、同条（５）により工期を、また第16条（１）a．により請負代金額の変更を行い、工事の内容を変更することができます。

Q21） 上記により、建物の仕様を一部変更したことにより、工事監理報酬も変わるのでしょうか？

A） 約款第16条（１）では、工事内容の変更があったときには、工事監理報酬額が変更される旨の規定があります。ただし、仕様を一部を変更した程度では、工事監理報酬額が変更になることは少ないと思われます。受注者と十分協議してください。

Q22） 受注者が、東日本大震災の影響により、工事材料・建設設備の機器の価格、労務単価が急騰したとして、請負代金額の増額を請求してきました。応じる必要があるのでしょうか？

A） 約款第16条（１）b．には、工期内に予期することのできない経済事情の激変などにより、請負代金額が明らかに適当でないと認められるときは、請負代金額の変更を求めることができる旨定められています。従って今回の大震災の影響によって、経済事情が激変したと客観的にかつ明確に認められるのであれば請負代金の増額が認められると思われます。

（４）　第三者損害

Q23） 工事中の振動により、隣家の壁にクラックが入ってしまったが、誰が責任を取るのですか？

A） 約款第10条（２）により、発注者の特別の指示等がない限り、受注者が責任を負うことになります。

（５）　天災不可抗力

Q24） 大型台風により、工事中の出来形部分が一部損壊したが、修復費用は誰が負担するのですか？

A）約款第11条（2）により、原則として受注者が負担します。ただし、同条ただし書きに規定されているように、受注者が台風の接近を予測し万全の態勢を敷いていたにもかかわらず避けられなかった損害については、発注者と受注者の協議によって、当該損害が重大なものと認められる場合で、かつ受注者が善管注意を払ったと認められるものは、発注者がその損害を負担することになります。

Q25）工事中、出来形部分等に関して誰が保険を掛けるのですか？

A）約款第12条により、受注者が、工事出来形部分等に建設工事保険又は火災保険を付保する義務があります。

（6）工事の中止、契約の解除

Q26）受注者の不手際で職人が集まらず、まだ工事が半分しか進んでいません。約束した期日に建物が完成しないのは明らかです。どうしたらよいでしょうか？

A）発注者の中止権、解除権を定める約款第19条（2）a．により、受注者が正当な理由なく、工期内に工事を完成する見込みがないと認められるときは工事を中止し又は契約を解除することができます。この場合、損害があれば、受注者に対して賠償を求めることができます。

Q27）工事を依頼している工務店の専務が暴力団と付き合いがあり、しばしばゴルフ、飲食等の接待を行っているようです。どうしたらよいでしょうか？

A）約款第19条（2）e．ウに該当するので、発注者は受注者に対し書面をもって通知することにより、工事を中止するか又は契約を解除することができます。

この場合、損害があれば、受注者に対して賠償を求めることができます。

Q28）約定の中間金を支払う準備をしていたところ、当該工務店の信用不安がささやかれ始めました。どうしたらよいでしょうか？

A）約款第19条（2）d．により、受注者が資金不足による手形・小切手の不渡りを出すなどにより、工事を続行することができないおそれがあると認められるときは、工事を中止するか契約を解除することができます。

この場合、損害があれば、受注者に対して賠償を求めることができます。

Q29）約定の部分払い金の支払いが遅れそうです。受注者は、部分払いがなされない場合、契約を解除して職人を引き上げるといっています。どうしたらよいでしょうか？

A）受注者の中止権、解除権を定める約款第20条（1）a．では、発注者が部分払いを遅滞したときは、受注者は工事を中止することができると規定されています。契約の解除は同条（4）a．により、中止期間が2ヵ月以上にならないとできませんが、支払遅滞後、書面によって受注者が相当な期間を定めて催告しても、なお支払いがなされないときは、中止権を発動して、一旦職人を引き上げることは可能になります。

3　完成引渡し時

（1）完成検査

Q30） 工事が完成し受注者から、完成検査を求められました。私（発注者）は素人なので、別途建築士に依頼し、私に代わって完成検査を依頼しようと思います。可能でしょうか？

A） 約款第13条では、発注者が完成検査を行うことになっています。しかしながら、当然、別途建築士に依頼して、発注者に代わって、あるいは発注者と伴に完成検査に立ち会うことは可能です。

（2）引渡し・受領

Q31） 工事が完成し、建物の引渡しは受けたのですが、完成図の引渡しを受けていません。受注者に完成図を請求できますか？

A） 約款第14条（1）により、契約の目的物である建物の引渡しと同時に、建物の完成状態を表す完成図の引渡しを要求することができます。

Q32） 工事の完成が1ヵ月遅れそうです。仮移転先は、両親の家なので家賃の増加等の直接の損害はありません。違約金は貰えるのでしょうか？

A） 約款第17条（1）により、遅滞日数に応じて、工事請負代金額に対し年率10%の違約金（遅延損害金）を請求できます。直接の損害を証明する必要はありません。

（3）工事請負代金支払い

Q33） 母屋の工事は、ほぼ完成したのですが、附属建物がまだ完成していません。竣工払い金の全額の支払いをストップしてもかまいませんか？

A） 約款第14条（1）において、契約目的物（＋完成図）の引渡しと請負代金の支払いは同時履行となっています。基本的には全額をストップすることができます。

4　引渡し・受領後

（1）　瑕疵担保責任

Q34) 新築住宅（木造軸組み）の引渡しを受けてから３年経ちましたが、先日の大雨で屋根から、かなりひどい雨漏りがありました。受注者に修補してもらうことは可能ですか。

A) 瑕疵担保責任に関する規定は約款第18条になります。瑕疵担保期間は以下の通りになっています。

① 木造建物　５年
② 鉄骨造、コンクリート造等　10年
③ 建築設備の機器、内装仕上材、造作等　１年
④ 新築住宅の場合の基本構造部分　10年

Q35) 新築木造住宅の引渡しを受けてから３年経ちましたが、柱及び基礎部分に重大な瑕疵が発生しました。補修を請求したいのですが、当時の工務店（受注者）は、１年前に倒産しており、もう存在しません。修補するには莫大な費用が必要です。どうしたらよいですか？

A) 工事請負等契約書６.「特定住宅建設瑕疵担保責任の履行に関する事項」において、当時工務店が取った資力確保措置の内容が記載されています。工務店が責任保険の加入で対応した場合は、保険法人の名称と保険金額の記載があるので、当該保険法人に連絡してください。工務店が倒産していても、保険金額の範囲で補償を受けることができます。

工務店が保証金の供託で対応した場合は、当時工務店から書面で供託所の所在地、名称が通知されているはずですから、当該供託所に連絡してください。供託金の範囲で補償を受けることができます。

（2）　維持管理・アフターサービス

Q36) 建物の竣工時に、受注者から「アフターサービス規準」なるものを渡されました。

これには、細かな部分ごとに不具合の内容、保証期間等が記載されています。子供がいたずらをしてボイラー部分の壁を壊してしまいました。アフターサービス規準により無償で直してもらえるのでしょうか？

A) アフターサービスは、一般的には、発注者の責めに帰すべき理由によるものは無償補修できないと思われます。瑕疵担保責任に基づく修補も同様です。

小規模建築物・設計施工一括用
工事請負等契約約款　逐条解説

第1条　総　則

（1）　発注者と受注者は、おのおの対等な立場において、日本国の法令を遵守して互いに協力し、信義を守り、以下の契約書等に基づいて誠実にこの契約（以下「本契約」という。）を履行する。

a　設計契約書

b　工事請負等契約書

c　工事請負等契約約款（以下「約款」という。）

d　設計契約書に基づいて作成された添付の設計図書等（以下「設計図書等」という。）

（2）　添付の設計図書等の内容の変更については、第4条の定めによる。

（3）　この約款の各条項に基づく協議、承諾、確認、通知、請求等は、この約款に定めるもののほか、原則として、書面により行う。

【趣旨】

設計・施工・工事監理一括型の契約を構成する契約図書（工事内容も含む）の範囲を定めるとともに、書面主義の原則を規定しました。

【解説】

（1）本契約は、設計受託契約、工事監理受託契約、工事請負契約の三つの契約により構成される設計・施工・工事監理一括型の契約ですが、これらの契約の内容を構成する契約書、図書等をaからdとして列記しました。なお、工事の内容については、「工事請負等契約書」に先だって発注者・受注者間で取り交わした「設計契約書」に基づいて、受注者により作成され発注者が承認した図面・仕様書等を「設計図書等」として契約書に添付することにより確定させることとしました。

(2)「工事請負等契約書」の取り交しによって確定した設計図書等（工事内容）であっても、その後発注者からの要請により、又は施工現場の状況、行政からの指導等によりその内容を変更する場合があります。この変更（工事着工後の「設計変更」））については、設計図書等の内容変更業務を定めた第４条の規定に従うこととしました。

(3) トラブル防止の観点から、発注者・受注者間における協議、承諾、確認、通知、請求等は、原則として書面により行う旨の規定を設けました。

もちろん、この条項により、書面によらない通知、確認、承諾等が直ちに無効になるものではないものの、トラブル防止の観点から、一旦口頭でなされたものであっても、速やかに、通知書、議事録等で書面化し確認しておくことが必要です。

【民間連合工事約款との比較】

民間連合工事約款は、工事専用約款であり、設計及び監理は、受注者以外の者が行うことを前提としていますが、本約款は、設計・施工・工事監理の業務を一括して受注者が引き受ける契約であり、工事に関する規定だけではなく、設計業務及び工事監理業務に関する規定が含まれています。本約款では、契約が二段階（設計業務時と工事契約時）に分かれるので、設計契約書、工事請負等契約書等が「本契約」の内容を構成することを明記しています。

【関連条文】

・民法第632条（請負）
・建設業法第18条（建設工事の請負契約の原則）
・建設業法第19条（建設工事の請負契約の内容）
・改正建築士法第22条の３の３（延べ面積が300平方メートル超える建築物に係る契約の内容）

ひとことアドバイス

協議、承諾、確認、通知、請求等は原則書面で行う必要があります。口頭で行った場合、それが直ちに無効になるものではありませんが、後刻確認の意味で書面化しておくことがトラブル防止には必要です。

第２条　権利、義務の譲渡等の禁止
発注者及び受注者は、相手方の書面による承諾を得なければ、本契約から生ずる権利又は義務を、第三者に譲渡すること又は承継させることはできない。

【趣旨】

本契約から生じる権利又は義務の譲渡・移転の原則禁止を規定しました。

【解説】

民法上、権利の移転（譲渡）に関しては、原則として自由に行えるものとされていますが（民法第466条）、この約款においては、義務の移転（承継）と同様に、相手方の書面による承諾が必要であることを明記しました。

したがって、例えば、発注者が工事請負代金債権を第三者に譲渡したり、受注者が工事完成引渡し義務を他の者に移転・承継させたりするには相手方の書面承諾が必要です。

【民間連合工事約款との比較】

民間連合工事約款は、本約款と同じく、権利義務の譲渡を禁止するとともに、これに加えて、契約の目的物ならびに検査済の工事材料および建築設備の機器（いずれも製造工場などにある製品を含む。）を譲渡したり貸与したりすることをも書面による承諾を得なければ原則禁止としています。

【関連条文】

・民法第466条（債権の譲渡性）

ひとことアドバイス

受注者（工務店）が有している工事請負代金債権は勝手に第三者に譲渡したり、担保に供したりすることはできません。発注者の書面による承諾が必要ですから注意してください。

第３条　一括下請負、一括委託の禁止

（１）　受注者は、工事の全部もしくはその主たる部分又は他の部分から独立して機能を発揮する工作物の工事を一括して、第三者に請け負わせることもしくは委託することはできない。ただし、共同住宅の新築工事以外の工事で、かつ、あらかじめ発注者の書面による承諾を得た場合は、この限りでない。

（２）　受注者は、第５条に定める工事監理業務を第三者に委託する場合は、建築士法第24条の３の定めに従う。なお、この場合、受注者は、委託に基づき当該第三者が行った行為全てについて責任を負う。

【趣旨】

工事に関しては、建設業法第22条（一括下請負の禁止）と同趣旨を規定。また、工事監理業務に関しては、建築士法第24条の３（再委託の制限）の規定に従うことを規定しました。

【解説】

（１）建設業法第22条では、受注者に工事を任せたとする発注者の信頼を保護するために、発注者の事前の書面承諾がない限り、受注者が請け負った工事を一括して第三者に請け負わせることを禁止しています。

本条の趣旨は、この建設業法第22条の趣旨と同じです。

「工事の全部もしくはその主たる部分又は他の部分から独立して機能を発揮する工作物の工事」とは、建設省建設経済局長通達「一括下請負の禁止」（平成13年３月30日建設省経建発第379号）に拠ったものです。

なお、建設業法第22条第３項では、「建設工事が多数の者が利用する施設又は工作物に関する重要な建設工事で政令で定めるもの以外の建設工事である場合において、当該建設工事の元請負人があらかじめ発注者の書面による承諾を得たときは、これらの規定は、適用しない。」とし、さらに「多数の者が利用する施設又は工作物に関する重要な建設工事で政令で定めるもの」が、政令である建設業法施行令第６条の３において「共同住宅を新築する建設工事」と規定されていることから、分譲マンション等（賃貸共同住宅も含む）の共同住宅の新築工事においては、発注者の書面による承諾があっても、一括下請負が全面的に禁止されることになります。

本条ただし書きは、上記建設業法及び同施行令を踏まえて、共同住宅の新築工事は、一括下請負が全面的に禁止されますが、それ以外の建設工事においては、原則どおり、発注者の事前の書面承諾があれば一括して第三者に請け負わせたり、委託したりすることができることを規定しています。

従って、個人の発注者から通常の戸建て住宅を請け負った場合は、発注者の書面による承諾を事前に得れば、第三者に一括して下請けに出すことはできますが、マンションや賃貸アパートなどの共同住宅を請け負った場合には、一括して下請負に出すことはできないことに注意をしてください。（なお、建設業法にいう「共同住宅」については、規模・面積要件は設けられていません。）

（２）一方、工事監理業務の再委託については、建築士法第24条の３（再委託の制限）の規定に従うことを明記しました。

ただし、建築士法第24条の３では、委託者の承諾を得た場合であっても、

① 建築士事務所の開設者以外の者に再委託をしてはならない。

② 延べ面積が300㎡超の建築物の新築工事においては、再委託をしてはならない。

と定められていますので、受注者はこの規定の制限に服することになります。

逆にいえば、例えば上記②の延べ面積が300㎡以下の建築物に係る工事監理については、一括再委託も可能です。

なお、設計業務に関しても上記工事監理と同様であり、設計契約書において、再委託に関する定めを設けています。

【民間連合工事約款との比較】

工事に関する一括下請負・再委託の制限に関しては、まったく同一の規定となっています。

【関連条文】

・建設業法第22条（一括下請負の禁止）
・建築士法第24条の３（再委託の制限）

ひとことアドバイス

建設業法では、共同住宅の建設工事の場合、発注者の承諾があっても、元請業者は一括して下請業者に工事を請け負わせることはできません。また同様に建築士法においても、延べ面積が300㎡を超える建築物の設計又は工事監理について、発注者の承諾があっても一括再委託が禁止されています。

> **第４条　設計図書等の内容変更業務**
> （１）　発注者は、必要があるときは、受注者に対して、設計図書等の内容を変更することを求めることができる。
> （２）　前項の変更があったときは、受注者は、設計図書等の内容変更業務の報酬を求めることができる。

【趣旨】

発注者に一方的な設計変更権限があること及びその場合には受注者には設計変更に伴う報酬請求権があることを規定しました。

【解説】

（１）設計等業務は、基本的には、「設計契約書」に基づいて実施されることから、その後締結される「工事請負等契約書」に添付される本約款では、設計等業務に関する規定は、特に盛り込まれていません。ただし、一旦、「工事請負等契約書」に添付され確定した設計図書等を、発注者が工事着手後に変更すること（いわゆる「工事中の設計変更」）はままあることなので、本条では、その場合の設計図書等の内容変更業務に関することを規定しました。

この「工事請負等契約書」が締結された時点では、工事の内容は、設計契約書に基づいて作成され、「工事請負等契約書」に添付された設計図書等で一旦は確定しますが、その後においては、発注者が任意に設計図書を変更（工事内容の変更）できること（変更権限があること）を明らかにしました。

（２）設計図書の変更業務に対する受注者の報酬請求権を明記しました。なお、設計図書等の変更に伴い、工事の内容が変わることになるので、受注者は、第16条（１）により、工事請負代金の増額を求めることは当然のこと、例えば発注済み工事材料等で不要となったものの代金については、第15条（３）により発注者によって補償されることになります。さらに、受注者は第15条（４）において工期の延長を求めることも可能になります。

【民間連合工事約款との比較】

本約款では、設計は受注者が行うことから設計図書等の内容を変更することに関する定めはありますが、民間連合工事約款では、受注者が設計を行うわけではないので同様の規定は存在しません。（ただし、第28条（工事の変更、工期の変更）として、工事の変更に関する規定はあります。）

【関連条文】

・建築士法第22条の3の3（延べ面積が300平方メートルを超える建築物に係る契約内容）第2項

・建築士法第22条の3の4（適正な委託代金）

ひとことアドバイス

発注者には、原則として一旦確定させた設計図書等の内容を変更する権限があります。しかし、受注者は、当該変更業務のための設計報酬の増額を求めることができますし（本条（2））、これにより工事が変更された場合、工事請負代金の増額、工期の延長を求めることができます（第15条（3）（4））。

第５条　工事監理

法令に基づき発注者が工事監理者を定める必要がある場合、受注者は、必要となる資格を有する者を定め、書面をもってその者の氏名を発注者に通知し、以下に定める工事監理業務を行う。

a　工事と設計図書との照合・確認並びにその結果の報告

b　工事が設計図書のとおりに実施されていないときの指摘、是正要求、これに従わない場合の発注者への報告

c　工事監理報告書の提出

【趣旨】

建築基準法上、一定の資格を有する建築士を工事監理者と定めなければならない工事に関しては、受注者が、有資格者を配置することと及びその者の行う工事監理の範囲を規定しました。

【解説】

建築基準法第５条の４第４項により、発注者が建築士法に定める一定の資格を有する工事監理者を定める必要がある工事に関しては、受注者が然るべき有資格者を工事監理者として選任・配置して工事監理業務を行うことを明記しました。

なお、工事監理業務の内容は、建築士法に定める３つの業務

a．工事と設計図書との照合（法第２条第７項）

b．工事が設計図書のとおりに実施されていないと認めるときは、直ちに、工事施工者に対して、その旨を指摘し、当該工事を設計図書のとおりに実施するよう求め、当該工事施工者がこれに従わないときは、その旨を建築主に報告すること。（法第18条第３項）

c．工事監理報告書等の提出（法第20条第３項）

に限定しました。

なお、選任・配置された工事監理者は、受注者に所属する内部者ではあるが、受注者が行う工事に関しては、建築士法に定める法定業務を、建築士として厳正に遂行することが求められます。従って、本約款第７条に規定する主任技術者又は監理技術者あるいは現場代理人との兼務は望ましくないといえるでしょう。

【民間連合工事約款との比較】

民間連合工事約款では、工事監理者は、受注者以外の者が行うことを想定しています。そして、その工事監理業務の範囲も建築士法に定める法定業務に限らず、広く「監理」を行うことを前提に広範囲にわたっています。

【関連条文】

・建築士法第３条～第３条の３〔建築士でなければできない設計又は工事監理〕
・建築基準法５条の４（建築物の設計及び工事監理）
・建築士法第２条第７号（工事監理の定義）
・建築士法第18条第３項（工事が設計図書のとおりに実施されていない場合の措置）
・建築士法第20条第３項（工事監理報告書の提出）

ひとことアドバイス

工事監理者は、受注者の内部者（社員）ですが、建築士法上の資格を有する建築士として、厳正に工事監理がなされます。杜撰な工事監理が行われると、受注者（建築士事務所の開設者）及び当該建築士（社員）が、建築士法上の処罰の対象となることがあります。なお、場合によっては、信用できる建築士との間で別途、工事監理業務委託契約を締結して工事監理を依頼することも考えられます。

第６条　工事請負代金内訳書、工程表

受注者は、本契約を締結したのち速やかに工事請負代金内訳書及び工程表を発注者に提出する。

【趣旨】

契約締結後に、工事請負代金内訳書及び工程表を発注者に提出する受注者の義務を規定しました。

【解説】

工事請負代金内訳書は、一般に総額請負主義のもとでは、個々の費用項目が法的な拘束力をもつものではありません。

しかしながら、工事の内容や工期が変更されたときに、工事請負代金を変更する場合の基準となるものとなります（本約款第16条（２））ので、契約締結後に発注者に提出するものとしています。また、工程表についても、法的な拘束力をもつものではありませんが、工事が予定通りに進行しているかを、発注者がチェックする上では重要な図書であることから発注者への提出を義務付けています。

なお、工事請負代金内訳書及び工程表とも、発注者の承認までは必要としていません。

【民間連合工事約款との比較】

民間連合工事約款では、同様に工事請負代金内訳書と工程表を、工事請負契約締結後に、監理者に提出し、そのうち内訳書については、監理者の確認を受けることになっています。

ひとことアドバイス

工事請負代金内訳書や工程表は、契約書そのものではありませんが、内訳書は工事代金を変更する場合の基準となるもの（第16条（２））であり、工程表は工事が順調に進行しているかを見るための目安になる重要なものであり、約定の完成引渡しに間に合わないことが明白なときは、場合によっては工事を中止し又は契約を解除することができます（第19条（２）a.）。

第７条　現場代理人等

（１）　受注者は、主任技術者又は監理技術者（建設業法第26条（主任技術者及び監理技術者の設置等）に規定する技術者をいう。）を定め、書面をもってその氏名を発注者に通知する。

（２）　受注者は、現場代理人を定めたときは、書面をもってその氏名を発注者に通知する。この場合、現場代理人は、この契約の履行に関し、工事現場の運営等いっさいの権限を行使することができる。ただし、工期及び工事請負代金額の変更、工事請負代金の請求及び受領並びに工事の中止、契約の解除、損害賠償請求にかかわるものはこの限りでない。

（３）　発注者は、受注者の現場代理人、主任技術者又は監理技術者に関し、工事の施工又は管理について著しく適当でないと認めた者があるときは、受注者に対して、その理由を明示した書面をもって、必要な措置をとることを求めることができる。

【趣旨】

建設業法上、選任必須の主任技術者又は監理技術者及び任意選任である現場代理人に関し、通知義務、権限、必要な措置の請求等に関する事項を規定しました。

【解説】

（１）小規模建築物であっても、原則として、受注者は、建設業法上、主任技術者又は監理技術者を選任しなければなりません。（建設業許可の必要のない500万円未満の工事であっても、許可業者が行う工事の場合は主任技術者の選任が必要です。）そして、本条により、受注者は、当該技術者の氏名を発注者に通知する義務があります。

（２）現場代理人は、建設業法上、任意の選任であるため、受注者が現場代理人を定めた場合の規定としました。

また、建設業法第19条の２第１項により、現場代理人を定めた場合、受注者は発注者に対し、現場代理人の権限及び現場代理人の行為についての発注者の受注者に対する意見の申出の方法を書面で通知する必要があるため、本項及び次項を規定したものです。現場代理人は、工事現場運営の一切の権限を有しますが、契約の変更、請負代金の請求受領の権限は除外されていることに留意が必要です。

なお、明記はしていませんが、主任技術者又は監理技術者と現場代理人は兼務することが可能です。

（３）発注者は、現場代理人、主任技術者、監理技術者に関し、必要な措置を受注者に求めることができる権限を規定しています。

「著しく適当でないと認めた者があるときは」とは、発注者が勝手に認める場合ではなく、客観的に著しく不適当を認められる場合に限られます。

「必要な措置」とは、当該現場代理人、技術者等の交代などを求めることも含まれます。

なお、この請求をする場合、発注者は然るべき（合理的な）理由を書面で受注者に示す必要があります。

【民間連合工事約款との比較】

民間連合工事約款では、監理者自身又は監理担当者の措置に関して、受注者から発注者に対して必要な措置又は異議申し立てが認められていますが、本約款では工事監理者の措置に関しては言及されていません。

【関連条文】

・建設業法第19条の２（現場代理人の選任等に関する通知）

ひとことアドバイス

① 現場代理人は、工事現場の運営等いっさいの権限を持ちますが、契約の変更、請負代金の請求受領の権限は除外されていますので注意が必要です。

② 本条により、発注者は現場代理人の交代を求めることができますが、恣意的な交代要求は認められず、「工事の施工又は管理に関し」「著しく適当でない」という要件が必要です。

第8条　工事材料等、支給材料等

（1）　工事材料又は建築設備の機器等（以下あわせて「工事材料等」という。）の品質について設計図書等に表示されていない場合、受注者は、法令等により定められた材料を、その他の材料等においては中等のものを用いる。

（2）　発注者が支給する工事材料又は建築設備の機器（以下あわせて「支給材料等」という。）がある場合、発注者の負担と責任において支給する。

ただし、受注者は、これを使用することが適当でないと認めたものがあるときは、直ちにその旨を発注者に通知する。

【趣旨】

使用する工事材料、建築設備の機器等の品質及び発注者の支給材料等に関する取扱いを規定しました。

【解説】

（1）使用する工事材料又は建築設備の機器等の品質については、設計図書等に定められるのが通常ですが、設計図書等にその定めがない場合、中等のものを使用することを規定したものです。なお、「中等のもの」とは、JIS、JAS等の規格化がされているものについては、その規格品を指すことになります。

（2）発注者からの支給材料等については、発注者の責任において支給することを原則とし、事前の試験・検査が必要な場合は、発注者が自己の負担でこれを行うことになります。

ただし、受注者が、支給材料が不適切であると認めた場合（発見した場合）、直ちに発注者に通知する必要があります。

万一、支給材料が適切でないことにより、契約目的物に瑕疵が生じた場合は発注者がその責任を負担することになりますが、受注者がその不適切であることを知って、発注者に通知しない場合、受注者も責任を負う場合があることに注意すべきです。

因みに、建設業法第19条第1項第9号では、「注文者が工事に使用する資材を提供し、又は建設機械その他の機械を貸与するときは、その内容及び方法に関する定め」を法定記載事項としていますが、本条第2項がこれに該当します。

【民間連合工事約款との比較】

民間連合工事約款では、使用する工事材料・建築設備の機器等は、法令による試験・検査に合格したものを使用するとしていましたが、小規模建築物の場合、法令上試験・検査を必要とする工事材料等が少ないことからその点の記載はありません。

支給材料等については、民間連合工事約款では、発注者に試験・検査義務を定めていましたが、小規模建築物ではそこまでの必要はないとして、単に発注者の負担と責任で提供するとの定めに留めました。

【関連条文】
・建設業法第19条（建設工事の請負契約の内容）第１項第９号

ひとことアドバイス

発注者からの支給材料が原因で不具合が発生した場合は、受注者は原則として責任を免れますが、建築の専門家として、不適当であることを当然に知っていたのにこれを告げなかった場合などは、一定の責任を負う場合があります（第18条（３））。

第９条　施工条件の相違等
（１） 受注者は、施工の支障となる予期することのできない状態（土壌汚染、地中障害物、埋蔵文化財など）が判明したときは、直ちに、書面により、その旨を発注者に通知し、発注者と協議する。
（２） 前項の場合、工事の内容、工期又は工事請負代金額を変更する必要があると認められるときは、発注者、受注者が協議して定める。

【趣旨】

実際の工事において、予期することのできない状態が判明したときの発注者への通知、協議を規定するとともに、その場合の工事内容、工期、請負代金額変更の当事者協議について規定しました。

【解説】

（１）土壌汚染、地中障害物、埋蔵文化財など施工の支障となる予期することのできない事態が判明したときに発注者に通知し、特別な対応をする必要があるか発注者と協議することと定めたものです。
　なお、本条のような、いわゆる条件変更条項については、設計図書等の不備（矛盾、誤謬、脱漏）や設計図書等と実際の施工条件の不一致に関しても規定を置くのが通常ですが、本約款は設計施工一括であり、設計図書等は受注者が現場条件等を照査し厳正に作成することが前提になっており、その不備や実際との不一致が直ちに工期延長や請負代金増額に結びつくものではありません（設計図書等を作成する受注者に一定の注意義務がある）ので、ここでは敢えて規定していません。
　また土壌汚染、地中障害物、埋蔵文化財などの施工の支障となる予期することのできない状態が判明した場合、受注者は発注者と協議することだけに留め、発注者が受注者に対してその対応を指示するという点は規定していません。
（２）施工の支障となる予期することのできない状態が判明した場合でも、当然に工事内容、工期、請負代金額が変更となるものではありませんが、当初の工事内容、工期、請負代金額を維持することが客観的に難しいと認められる場合は、発注者・受注者が協議して、その変更の程度（内容、工期、金額）を決定することになります。

【民間連合工事約款との比較】

民間連合工事約款では、設計図書等に不備があった場合や設計図書等に示された施工条件が実際と相違する場合には、受注者はその旨を監理者に通知し指示を仰ぐことになっています。そしてその指示により、工事内容、工期、工事請負代金を変更する必要があると客観的に認められるときは、双方協議の上、工事内容、工期、工事請負代金額の変更をすることができます。

本約款は設計施工一括を前提にしているのでこのような定めは置いていません。

ひとことアドバイス

工事に着手してから、敷地が土壌汚染されていることが分かった場合、必要により、工事内容の変更、工事請負代金の増額及び工期の延長を当事者双方で協議することになりますが、「設計契約書」において、受注者が「地盤調査」を依頼されていた場合、当然地盤調査において土壌汚染が分かったはずであるとして、工事請負代金の増額及び工期の延長の請求が制限される場合があります。

第10条　損害の防止、第三者損害

（1）　受注者は、自己の費用で、契約の目的物、近接する工作物及び第三者に対する損害を防止するため、関係法令に基づいて、工事と環境に相応した必要な措置をとる。

（2）　施工のために第三者に損害を及ぼしたときは、受注者がその損害を賠償する。ただし、その損害のうち発注者の責めに帰すべき事由により生じたものについては、発注者の負担とする。

（3）　前項の場合、第三者との間に紛争が生じたときは、受注者がその処理、解決にあたる。ただし、受注者だけで解決しがたいときは、発注者は受注者に協力する。

【趣旨】

契約の目的物等の損害の防止に関しては、基本的には、受注者が自己の責任と負担で行うことを原則とし、万一施工により第三者に損害を及ぼした場合も原則として受注者の責任とすることを規定しました。

【解説】

（1）受注者は、契約の目的物のみならず、近接する工作物、近隣住民、通行人等を含めて広く第三者に対する損害を防止するため、建築基準法、同法施行令等の関係法令に基づいて、工事と周辺環境に配慮した損害防止義務があることを定めました。

（2）騒音、振動、地盤沈下、地下水の断絶など施工によって生じた第三者損害については、工事自体の遂行に伴い生じるものであることから、原則として、受注者の責任であることを明確にしました。

　ただし、実際の工事においては、発注者が種々の指示を出したり注文を付けたりするケースもあり、このような発注者の指示・注文に起因して生じた第三者損害を受注者負担とする謂れはありません。そこでただし書きを追加しました。

　因みに、この考え方は民法第716条(注文者の責任)の趣旨と同旨です。

　なお、建設業法第19条第１項第８号では、「工事の施工により第三者が損害を受けた場合における賠償金の負担に関する定め」を法定記載事項としていますが、本項がこれに該当します。

（3）近隣住民を含めた第三者損害については、発注者・受注者どちらに原因がある場合でも一次的には施工者がその解決にあたるのを原則としますが、受注者だけで解決することが難しい場合も多いことから、解決へ向けての発注者の協力義務を定めました。

【民間連合工事約款との比較】

施工によって生じた第三者損害については、民間連合工事約款では、受注者が善良な管理者としての注意を払っても避けることができない騒音、振動、地盤沈下、地下水の断絶など及び発注者の注文自体に伴う日照阻害、風害、電波障害については、例示したうえで発注者負担としていますが、本条では、施工に起因する第三者損害は受注者負担を原則とし、発注者に責めがある場合にのみ発注者負担とするシンプルな構成となっています。

【関連条文】

・民法第716条（注文者の責任）

・建設業法第19条第１項第８号（建設工事の請負契約の内容）

ひとことアドバイス

受注者が、騒音・振動など施工のために第三者に損害を与えた場合、発注者の指示に起因する場合を除き、受注者が全面的に責任を負うのが原則です。本約款には、民間連合工事約款のように、受注者が施工に関し善管注意義務を果たしていた場合、免責されるという規定がありませんので注意が必要です。

第11条　施工について生じた損害等

（1）　工事の完成引渡しまでに、契約の目的物、工事材料等、支給材料等その他施工について生じた損害は、受注者の負担とし、工期は延長しない。ただし、発注者の責めに帰すべき事由によるときは、発注者の負担とし、受注者は、発注者に対してその理由を明示して必要と認められる工期の延長を求めることができる。

（2）　工事の完成引渡しまでに、天災その他自然的又は人為的な事象であって、発注者、受注者いずれにもその責めを帰することができない事由（以下「不可抗力」という。）によって、契約の目的物、工事材料等、支給材料等について損害が生じたときは、受注者は速やかにその状況を発注者に通知することとし、その損害について、発注者、受注者が協議して重大なものと認め、かつ、受注者が善良な管理者としての注意をしたと認められるものは、発注者がこれを負担する。

（3）　火災保険、建設工事保険その他損害をてん補するものがあるときは、それらの額を前項の発注者の負担額から控除する。

【趣旨】

工事の完成引渡しまでに、施工により生じた、契約の目的物、工事材料等に対する損害は原則として受注者負担ですが、天災・不可抗力により生じた損害については、原則受注者負担であるものの、一定の場合は発注者が負担する旨を規定しました。

【解説】

（1）施工の過程において生じた手違いや不測の事故などによって、契約の目的物、工事材料等、支給材料等に生じた損害は原則として受注者負担ですが、支給材料等の受け渡しが遅れたり、前払い・部分払いが遅れたりするなどして、発注者の都合で工事に着手できなかった場合など、その損害は発注者が負担することになります。なお、ここでは工期についてのみ規定していますが、工期の延長により工事請負代金の増額が必要となる場合は、第16条（1）a．により増額請求できるのは当然です。

（2）天災・不可抗力による損害については、原則として受注者負担です。しかしながら、発注者と受注者が協議して重大なものと認め、かつ受注者が善良なる管理者としての注意義務を果たした損害については、発注者が負担することとしています。

発注者及び受注者が真摯に協議を行い、合意成立に向けて努力する必要があります。

（3）火災や台風等による事故を原因として、受注者が付保する損害賠償保険から保険金の支払いがある場合は、前項で発注者が負担することとなる負担額からその額が差し引かれることになります。

【民間連合工事約款との比較】

民間連合工事約款では、施工について生じた損害と不可抗力により生じた損害に関する規定は二つにわかれていますが、本約款ではそれをひとつの条項にまとめて、かつ簡潔にしています。内容としてはほぼ同旨です。

【関連条文】

・建設業法第19条第１項第６号（天災その他不可抗力による損害の負担等）

ひとことアドバイス

工事完成引渡しまでの契約目的物に対する責任（危険負担）は、原則として受注者が負担しますが、天災・不可抗力によって、契約の目的物（出来形）が損害を受けた場合、本約款では、受注者が損害の防止に関し施工者としての善管注意義務を果たしていることを前提に、発注者と受注者が協議して、当該損害が重大なものと認められる場合は、発注者がその損害を負担するとしています。

第12条　損害保険

（１）　受注者は、設計業務又は工事監理業務に関し生じた損害を賠償するために必要な金額を担保するための保険を付したときは、その旨を速やかに発注者に通知する。

（２）　受注者は、工事の出来形部分と工事現場搬入済みの工事材料等に火災保険又は建設工事保険を付し、その証券の写しを発注者に提出する。

【趣旨】

受注者による損害賠償責任保険に関し、設計業務及び工事監理業務に関しては保険を付保した場合の発注者への通知義務を、また工事に関しては保険の付保義務を規定しました。

【解説】

（１）改正建築士法（H26.6成立）第24条の９において、設計者又は工事監理者が、その業務を遂行するうえで、発注者に損害を与えた場合、その損害を賠償する保険を付保することが努力義務として規定されました。それを受け、本項では、受注者が損害賠償保険を付保した場合の発注者への通知義務を規定しました。

（２）事故が発生すると、契約当事者が被る損害の額は建築規模が大きくなるに伴い膨大となります。そこで火災保険、建設工事保険等の損害賠償責任保険で填補することとし、保険の付保義務者を受注者としたものです。

受注者としては、保険料相当額を見積金額に計上し、工事請負代金として発注者に対して請求することも可能です。

なお、第11条（３）において、天災・不可抗力により、契約目的物等が損害を被った場合で、損害賠償保険から填補される場合は、発注者の負担額からその額が控除されることになっていますが、万一、受注者が付保義務に違反して保険付保を行わなかった場合は、保険金相当額の負担は受注者の責任になることに注意が必要です。

【民間連合工事約款との比較】

基本的には、民間連合工事約款と同様の規定ですが、簡易簡素化の観点から、若干条文を削除・整理しました。

【関連条文】

・改正建築士法第24条の９（保険契約の締結等）

ひとことアドバイス

受注者には火災保険又は建設工事保険を付保する義務があります（本条（2））。受注者が適切に保険を付保していない場合、万一、発注者の責めに帰すべき事由により損害が発生したときでも、当該保険を掛けていれば保険金で填補できた損害分については、受注者の負担となる場合もあります。

第13条　完成、検査

（1）　受注者は、工事を完了したときは、設計図書等のとおりに実施されていることを確認して、発注者に検査を求める。
（2）　前項の場合、発注者は速やかにこれに応じて受注者の立会いのもとに検査を行う。
（3）　検査に合格しないときは、受注者は、工期内又は別途合意した期間内に修補又は改造して、発注者の検査を受ける。

【趣旨】

完成検査については、受注者立合いのもと、発注者自らで行うことと、検査に合格しない場合の措置について規定しました。

【解説】

（1）完成検査は、まず、受注者が、工事が設計図書等のとおりに実施されているかを確認したうえで、受注者の求めに応じて、発注者自身が行うことになります。
　しかしながら、発注者は素人であることが多いため、必ずしも十分な検査が行えるとは限りません。そのため、条文上は特に明記はしていませんが、必要とする場合は、発注者は自己の費用と責任で、然るべき建築士等を選任し、この完成検査に立ち会わせ、必要な助言、評価を得ることも考えられます。
（2）発注者は、受注者が前項により検査を求めた場合は、速やかに、これに応じて検査を行わなければなりません。発注者の都合で遅らせた場合、それにより受注者の引き渡しが遅れた場合であっても、受注者は履行遅滞の責めを負いません。
（3）完成検査に合格しないときは、受注者は是正工事を行い再度発注者の検査を受けなければなりません。工期内に是正工事が完了しない場合は、発注者と合意する期間内に是正工事を行わなければなりませんが、この場合であっても、受注者においては、工事遅延の責任は免れないので注意が必要です。

【民間連合工事約款との比較】

民間連合工事約款では、発注者により選任された監理者が立会う点が本約款との大きな違いです。

【関連条文】

・建設業法第19条第１項第10号（注文者の行う完成検査の時期等）

ひとことアドバイス

① 発注者が完成検査を行うことになりますが、必要により、発注者は自己の費用と責任で、然るべき建築士等を選任し、完成検査に立ち会わせ、必要な助言、評価を得ることも考えられます。

② 発注者自らが完成検査を行い確認したからといって、発注者が受注者を免責する旨を明らかにしていたといった特別な事情があればともかく、そうでない限り、受注者が一切瑕疵担保責任を負わない（すべて免責される）ということにはなりません。

第14条　引渡し、支払

（1）　第13条（2）又は（3）の検査に合格したときは、本契約に別段の定めのある場合を除き、受注者は、発注者に契約の目的物及び完成図（建物の完成状態を表す配置図、平面図、断面図、立面図、仕上表等）を引き渡し、同時に、発注者は、受注者に請負代金の支払を完了する。

（2）　受注者は、本契約に定めるところにより、工事の完成前に部分払いを請求することができる。

【趣旨】

引渡しには、契約の目的物のほかに、いわゆる「完成図」の提出を義務付け、これと工事請負代金の支払との同時履行を規定しました。

【解説】

（1）受注者は、発注者の完成検査に合格したときは、契約の目的物に加えて、完成図を発注者に引渡すのと同時に請負代金の支払いを受ける規定としました。目的物だけでなく完成図の引き渡しまでを定めたのは、発注者である一般消費者のために明記する必要があると考えたからです。なお、「完成図」については、特に建設業法等の法令に定義は無いので、建物の完成状態を一般的に表す図面を括弧書きで例示しました。建物の完成状態が十分表わされていれば、例示した図面をすべて取り揃えて提出する必要はありません。

（2）第1項では、完成時払いを予定していますが、契約で別に定めた場合は部分払いも可能です。また、契約で定めれば出来高払いも可能ではありますが、小規模建築物の場合、出来高払いはあまり想定できないので、本約款では明記していません。

【民間連合工事約款との比較】

民間連合工事約款では、契約目的物の引渡しに際して、「完成図」の引き渡しまでを規定していません。また、出来高払いに関しての規定も置いています。

【関連条文】

・建設業法第19条第1項第10号（引渡しの時期）

ひとことアドバイス

受注者が工事代金の支払いを受けるには、完成建物の引渡しだけでは駄目です。原則として、完成図も引き渡さないと支払いを受けられません。

万一、完成図の引渡しが遅れる場合は、発注者の承諾を得て、請負代金の支払いをお願いする必要があります。

第15条　工事の変更、工期の変更

（1）　発注者は、必要によって、工事の内容を追加又は変更することができる。

（2）　前項により、計画変更確認申請が必要になったときは、当該申請に係る一切の費用は発注者が負担する。

（3）　前項の他、本条（1）により、受注者に損害を及ぼしたときは、受注者は、発注者に対してその損害（逸失利益を除く。）の補償を求めることができる。

（4）　発注者は、必要によって、受注者に工期の変更の協議を求めることができる。この場合、発注者及び受注者は、工期の変更期間及び工事請負代金の変更額について協議する。

（5）　受注者は、工事の内容の追加又は変更、不可抗力、その他正当な理由があるときは、発注者に対してその理由を明示して必要と認められる工期の延長を請求することができる。

【趣旨】

発注者には、工事内容の追加又は変更の権限があることを明記するとともに、それによって、受注者に損害を及ぼした場合は、受注者はその補償を発注者に求めることができる旨明記しました。正当な理由があれば、受注者から工期延長を求めることができることを規定しました。

【解説】

（1）民法第641条では、発注者の一方的な都合により契約を解除することができる旨定められていますが、これは発注者が必要としなくなった建築物を建てさせることの経済的な不合理性を考慮した規定であり、同様の趣旨から、発注者には、一方的な追加・変更権限がある旨を規定しました。

（2）本約款では、設計契約書により、受注者が当初の設計を行いますが、このとき建築確認申請の代行業務をオプション業務として委託される場合があります。このときの申請手数料自体は発注者負担であり、設計契約書にはこの旨明記されています。工事着手後、例えば、建物の床面積を変える、窓の位置や大きさを変える、間取りを変えるといった場合に、建築基準法上、計画変更の確認申請や軽微な変更としての届出が必要になる場合があります。本項では、その場合の申請手数料等の費用は発注者負担であることを確認的に規定したものです。

（3）前述したように、民法第641条では、発注者の一方的な都合により契約を解除することができる旨定められていますが、この場合、一方的な変更により受注者が不測の負担を強いられる可能性があるため、受注者は発注者に対し、損害賠償を求めることができると規定されています。本項はそれと同様の趣旨です。

なお、例えば、工事が大幅に減少したことにより、得べかりし利益（逸失利益）を請求できるかが問題になりますが、本項では、逸失利益までは請求できないことを明記してあります。

（4）小規模建築物の工事においては、概して工期は短く、変更を考慮する要素が少ない場合が多いと考えられ、発注者の一方的都合で工期を変更できるとすることは影響が大きい。そこで本項において、発注者は必要により工期の変更の「協議」を求めることが出来るに過ぎないこととし、その延長又は短縮の期間及びそれに伴う請負代金の変更については、あくまでも受注者と協議して定めることとしました。

（5）受注者も正当な理由があれば工期の延長を求めることができることを規定しました。
「正当な理由」とは、工事内容の追加変更及び不可抗力を例示していますが、これに限らず、契約時には予測することができない、受注者の責めに帰することのできない事象が発生した場合をいいます。近隣問題の対応のため、工事が一時ストップしたような場合のうち、日影、電波障害による場合などは「正当な理由」があると判断されるケースもあると思われます。

【民間連合工事約款との比較】

民間連合工事約款では、第28条（2）により、工期の変更に関しては、発注者が、自己の都合により（必要により）その変更を求めることができると規定されていますが、小規模建築物の工事に関しては、上記（5）で記した理由により、発注者の変更権限を認めていません。

【関連条文】

・民法第641条（注文者による契約の解除）
・建設業法第19条第1項第5号（設計変更における工期変更、損害負担等）

ひとことアドバイス

① 発注者には、自己の希望により、工事を追加・変更する権限があります。ただし、この場合、受注者は、本条（4）により工期の変更を、また第16条（1）a．により請負代金額の変更を発注者に求めることができます。

② 受注者は、不可抗力、その他正当な理由があるときは、発注者に対してその理由を明示して必要と認められる工期の延長を請求することができます。

第16条　工事請負代金額等の変更
（1）次の各号の一にあたるときは、発注者又は受注者は、相手方に対して、必要と認められる工事監理業務報酬額又は工事請負代金額の変更を求めることができる。
a　工事の内容（工事監理業務の内容を含む。）の追加もしくは変更又は工期（工事監理業務実施期間を含む。）の変更があったとき。
b　工期内に、予期することのできない法令の制定又は改廃、行政指導、経済事情の激変などによって、工事監理業務報酬額又は工事請負代金額が明らかに適当でないと認められるとき。
c　中止した工事又は災害を受けた工事を続行する場合で、工事監理業務報酬額又は工事請負代金額が明らかに適当でないと認められるとき。
（2）工事請負代金額を変更するときは、原則として、請負代金内訳書の単価によるものとする。

【趣旨】

設計等業務の報酬額の変更は、第４条において、「設計図書等の内容変更業務」として、当該変更業務に係る報酬請求権（変更）として整理したので、本条では、工事請負代金額と工事監理業務報酬の変更のみを規定しました。

【解説】

（1）通常、工事請負代金額を変更する事象が生じた場合、それに合わせて工事監理業務の報酬も変更となる場合が多いこことから、工事請負代金額又は工事監理業務報酬額の変更事由を合わせて列記しました。
a．工事内容に追加変更があった場合又は工期に変更があった場合に工事請負代金額の変更を請求できることはもちろん、これにより工事監理業務の内容が変わった場合は、工事監理業務の報酬の変更を請求できます。
b．小規模建築物の工事であることから、長期間の工事で問題となる物価上昇等の「スライド条項」は規定せず、経済事情の激変等いわゆる「インフレ条項」を規定するに留めました。
c．第19条では発注者の工事中止権を、また第20条では受注者の中止権を規定していますが、これにより中止した工事を再開する場合、あるいは天災地変又は人災による災害により、これまでの方法では続行が不可能な工事やストップしていた工事を続行する場合にも変更請求できることとしました。例えば震災によりストップしていた工事を再開する場合で、震災後の工事材料単価や労務費が急騰しているような場合も、本号により、受注者は請負代金額の増額を請求できる可能性があります。
（2）工事請負代金額を変更する場合、増額の場合も減額の場合も、第６条に基づき、請負契約締結後に発注者に提出した代金内訳書に拠ることとしました。これは小規模建築物の工事の場合は比較的短期間であり、契約後に提出した代金内訳書を基準にするのが合理的です。もちろん、（1）b．の経済事情の激変等によるインフレ条項の発動の場合は内訳書と時価の差額が増減額となります。

なお、工事監理業務報酬額の変更に関しては、直接に基準となるものはありませんが、国土交通省告示第15号の業務報酬基準が参考となります。

【民間連合工事約款との比較】

民間連合工事約款には、工事監理契約が含まれないことから、当然のこととして工事監理業務報酬額の変更に関する規定はありません。また本約款が対象とする小規模建築物の工事は、比較的短いのでスライド条項の定めはありません。変更の際に基準にする単価については、民間連合工事約款では、増額の場合は変更時の時価によるとしていますが、本約款では、減額変更も増額変更もいずれも代金内訳書によることとしています。

【関連条文】

・建設業法第19条第１項第７号（価格等の変動に基づく請負代金額の変更等）
・建設業法第19条第１項第５号（設計変更における請負代金額の変更等）

ひとことアドバイス

当事者は、予期することのできない法令の制定又は改廃、行政指導、経済事情の激変などによって、工事請負代金額が明らかに適当でないと認められるとき及び中止した工事又は災害を受けた工事を続行する場合で、工事請負代金額が明らかに適当でないと認められるときは、相手方に対し請負代金額の変更を求めることができます。

第17条　履行遅滞

（1）　受注者の責めに帰すべき事由により、契約期間内に契約の目的物を引き渡すことができないときは、本契約に別段の定めのない限り、発注者は、受注者に対し、遅滞日数に応じて、工事請負代金額に対し年10パーセントの割合で計算した額の違約金を請求することができる。

（2）　発注者が工事請負代金の支払を完了しないとき、又は前払もしくは部分払を遅滞しているときは、受注者は、発注者に対し、遅滞日数に応じて、支払遅滞額に対し年10パーセントの割合で計算した額の違約金を請求することができる。

（3）　発注者が第14条（1）の工事請負代金の支払いを完了しないときは、受注者は、契約の目的物の引渡しを拒むことができる。この場合、受注者が自己のものと同一の注意をもって管理したにもかかわらず契約の目的物に生じた損害及び受注者が管理のために特に要した費用は、発注者の負担とする。

（4）　受注者が履行の遅滞にあるときは、この契約の目的物に生じた損害は受注者の負担とし、遅滞中に生じた不可抗力を理由としてその責めを免れることはできない。

【趣旨】

受注者が契約期間内に契約の目的物を引き渡せなかった場合の違約金及び発注者が契約で定められた期日に支払い（前払い、部分払いを含む。）を遅滞した場合の違約金を規定しました。

【解説】

（1）受注者の責めに帰すべき事由により、工事が遅延し、契約で定められた期間内に契約の目的物を発注者に引き渡すことができないときは、遅滞日数に応じて、工事請負代金額の全体に対して、年率10％の割合による違約金を支払わなければなりません。なお、例え、出来形が９割がた出来上がっていても、請負代金額全体に年率10％の違約金が掛かることに注意が必要です。

なお、当事者間で特別の合意をしない限り、この違約金は、民法第420条にいう「損害賠償額の予定」と推定されます。

また、天災・不可抗力のように、受注者の責めに帰すべき事由によらない遅延の場合、第15条（４）の定めに基づき、正当な理由があるとして、本条の違約金の対象とはなりません。

（2）発注者が契約で定められた期日までに工事請負代金の支払いを完了しないときは、遅滞額に対して、年率10％の割合による違約金を支払わなければなりません。これは、契約により前払い、部分払い、出来高払いの約束をした場合には、それに遅滞した場合も違約金が発生することに注意が必要です。

なお、発注者は、金員の支払遅滞に係る損害賠償に関しては、不可抗力をもって抗弁することはできません（民法第419条第３項）。

（3）発注者が、工事請負代金の支払いを完了しない場合、受注者は契約の目的物の引き渡し期日が到来しても、その引き渡しを拒むことができます。これは、同時履行の抗弁権の行使（民法第533条）です。この場合、受注者としては、善良なる管理者としての注意義務を果たす必要があるのか（民法第400条）、あるいはその注意義務が軽減され、自己の財産に対するのと同一の注意義務を払えばよいのか（民法第659条）が問題になります。

そこで、本項では、発注者の責めに帰すべき事由による支払遅滞が原因であることから、この場合、契約の目的物の管理は、自己の物と同一の注意義務で足りること、管理費用が掛かった場合は、発注者が負担することを明記したものです。

（4）前項とは逆に、受注者の責めに帰すべき事由により、契約で定める期日までに契約の目的物を発注者に引き渡すことができない場合、その遅滞中に目的物に損害が生じた場合その負担は受注者が負担することを明記しました。つまり例えば、引渡し遅滞の状態にあるときに、大震災等が発生し契約の目的物が損壊した場合であっても、本約款第11条（2）により、不可抗力であることを理由として、復旧費用を請求したり、第15条（4）に基づき工期の延長を請求することはできません。

【民間連合工事約款との比較】

民間連合工事約款とほぼ同様の内容であるが、簡易簡便化の観点から、前払い及び部分払いの部分を統合整理しました。なお、本条（4）項の定めは民間約款には存在しませんが、本約款では、発注者が一般消費者であることに配慮して確認的な規定として定めました。

【関連条文】

・民法第419条第３項（金銭債務の特則）
・民法第420条（損害賠償額の予定）
・建設業法第19条第１項第13号（履行遅滞における違約金等）

ひとことアドバイス

本条の違約金は、当事者間で特別の合意をしない限り、民法第420条にいう「損害賠償額の予定」と推定されますので、建物の引渡しが遅れたことによる発注者の被る実際の損害（実損）がかなり大きい場合でも、遅延日数に対し請負代金額の10%（年率）の額の違約金しか請求できません。引渡し遅延による損害が甚大であると予想される場合は、あらかじめ当事者間で、違約金を超える実損についても請求できるとする旨の特約をしておくことが必要かもしれません。

第18条　瑕疵の担保

（1） 契約の目的物に瑕疵があるときは、発注者は、受注者に対して、相当の期間を定めて、瑕疵の修補を求めること、又は修補に代えもしくは修補とともに損害の賠償を求めることができる。ただし、瑕疵が重要でなく、かつ、修補に過分の費用を要するときは、発注者は、修補を求めることができない。

（2） 瑕疵担保期間は、本契約に別段の定めがある場合を除き、引渡しの日から、木造の契約の目的物については5年、鉄骨造、コンクリート造及びこれに類する契約の目的物については10年とする。ただし、本契約に別段の定めがある場合を除き、建築設備の機器、内装仕上材、造作などについてはいずれも1年とする。

（3） 瑕疵が、発注者の指図、支給材料等発注者の責めに帰すべき事由によるものであるときは、受注者は担保の責めを負わない。ただし、受注者が発注者の指図、支給材料等の不適当なことを知りながらこれを告げなかったときはこの限りでない。

（4） 契約の目的物が瑕疵によって滅失又は毀損したときは、発注者は、滅失又は毀損の日から1年以内で、かつ、本条（2）に定める期間内に、本条（1）の権利を行使しなければならない。

（5） 本契約が住宅の品質確保の促進等に関する法律第94条第1項に定める住宅を新築する建設工事の請負契約に該当する場合、本条（1）、（3）、（4）を適用するほか、本条（2）の規定に代えて、本条（6）の規定を適用する。

（6） 住宅のうち構造耐力上主要な部分又は雨水の浸入を防止する部分として同法施行令第5条第1項及び第2項に定めるものの瑕疵（構造耐力又は雨水の浸入に影響のないものを除く。）があるときは、瑕疵担保期間は契約の目的物の引渡しの日から、10年間とし、それ以外の契約の目的物の瑕疵については本条（2）を適用する。

【趣旨】

瑕疵担保期間に関しては、一般消費者が発注者となる住宅建設を念頭において、民法第638条第1項の定めに基づき、木造5年、鉄骨造・コンクリート造10年に規定しました。また、新築住宅の工事に関しては、住宅品確法の規定に基づき、基本構造部分（構造耐力上主要な部分又は雨水の浸入を防止する部分）で構造耐力又は雨水の浸入に影響のないものを除くものに関しては、一律10年間とし、その他の部分に関しては木造5年、鉄骨造・コンクリート造に関しては10年に規定しました。

【解説】

（1）瑕疵がある場合、発注者は受注者に対して、①瑕疵修補を求める、②修補に代えて損害賠償を求める、③修補とともに損害賠償を求める、といった3つの対応のうち何れかを求めることができることを明記しました。民法第634条の趣旨と同旨です。また瑕疵が重要でなく、かつ修補に過分の費用を要する場合は、発注者は修補を求めることはできず、損害賠償を請求できるに留まります。これも民法第634条1項ただし書きと同旨です。

（2）瑕疵担保期間に関しては、民法第638条第1項の定めに基づき、木造等の普通建物については引渡しから５年間、同条１項ただし書きの定めに基づき、鉄骨造・コンクリート造等の堅固建物については10年間としました。また、建築設備の機器、内装仕上げ材、造作などについては引渡しから１年間としました。

なお、「本契約に別段の定めがある場合を除き」の文言を挿入することにより、当事者間で部位ごとの瑕疵担保期間（アフターサービス期間のような部位ごとの期間）を特約することなども想定できるようにしました。

（３）瑕疵が、発注者の指図、支給材料等によるものであるときは、当然受注者は担保責任を負いませんが、受注者において、それが不適当であることを知りながら、その旨を発注者に告げない場合は、受注者も一定の責任を負担することを規定しています。これは、民法第636条と同趣旨の規定です。受注者が告知義務を果たしたにもかかわらず、発注者がそれを無視したような場合は、原則通り、受注者は担保責任を免れると考えるべきです。

（４）契約目的物が瑕疵を原因として、滅失又は毀損した場合は、瑕疵の存在が客観的に明確になることから、受注者が、その滅失又は毀損の日から１年以内に瑕疵修補・損害賠償請求を行わない場合はその請求権が消滅することを定めたものです。なお、この場合（２）項に定める建物の構造に応じた５年又は10年の期間に服することに留意する必要があります。

（５）本契約が住宅品確法に規定する住宅の新築工事である場合、契約目的物のうち構造耐力上主要な部分等に関しては、瑕疵担保期間の特則を定め、次項（６）のとおり、取り扱うことを定めました。

住宅品確法上、「住宅」とは、人の居住の用に供する家屋又は家屋の部分（人の居住の用以外の用に供する家屋の部分との共用に供する部分を含む。）をいいます。（同法第２条第１項）

また、「住宅の新築工事」に該当する「新築住宅」とは、新たに建設された住宅で、まだ人の居住の用に供したことのないもの（建設工事の完了の日から起算して一年を経過したものを除く。）をいいます。（同法第２条第２項）

（６）住宅のうち基本構造部分（構造耐力上主要な部分又は雨水の浸入を防止する部分）として同法施行令第５条第１項及び第２項に定めるものの瑕疵（構造耐力又は雨水の浸入に影響のないものを除く。）があるときは、瑕疵担保期間は契約の目的物の引渡しの日から、10年間としました。これは、住宅品確法上、強行規定とされており、当事者の特約をもってしても短縮できません。（同法第94条第２項）

住宅品確法上、「構造耐力上主要な部分として政令で定めるもの」とは、住宅の基礎、基礎ぐい、壁、柱、小屋組、土台、斜材（筋かい、方づえ、火打材その他これらに類するものをいう。）、床版、屋根版又は横架材（はり、けたその他これらに類するものをいう。）で、当該住宅の自重若しくは積載荷重、積雪、風圧、土圧若しくは水圧又は地震その他の震動若しくは衝撃を支えるものをいいます。（同法施行令第５条第１項）

また、「雨水の浸入を防止する部分として政令で定めるもの」とは、次に掲げるものをいいます。（同法施行令第５条第２項）

一　住宅の屋根若しくは外壁又はこれらの開口部に設ける戸、わくその他の建具

二　雨水を排除するため住宅に設ける排水管のうち、当該住宅の屋根若しくは外壁の内部又は屋内にある部分

なお、新築住宅であっても、構造耐力上主要な部分等以外については、（２）項に定める建物の構造に応じた５年又は10年の期間に服することに留意する必要があります。

【民間連合工事約款との比較】

民間連合工事約款では（２）項において、瑕疵担保期間を木造１年、鉄骨造・コンクリート造２年、工作物や地盤は２年としていますが、本約款では、発注者が一般消費者であることに配慮して、それぞれ５年、10年としています。なお、工作物や地盤については特記せず民法の規定（５年）に委ねています。

また、（２）項、ただし書きにおいては、実態に合せて民間連合工事約款で「室内装飾」、「家具」としている文言を、それぞれ「内装仕上材」、「造作」の文言に置き換えました。

さらに、（４）項については、民間連合工事約款では、請求権の行使期限を滅失又は毀損の日から６ヶ月以内としていますが、本約款では、民法第638条第２項に合わせて、「１年以内」と伸長しました。

【関連条文】

・民法第634条（請負人の担保責任）、第638条〔請負人の瑕疵担保責任〕

・住宅の品質確保の促進等に関する法律第94条第１項（住宅の新築工事の請負人の瑕疵担保責任の特例）

・同法施行令第５条第１項及び第２項（住宅の構造耐力上主要な部分等）

ひとことアドバイス

住宅の新築工事の場合、構造耐力上主要な部分の瑕疵担保期間については、住宅品確法により、引渡しから10年間と規定されており、これは発注者（建築主）を保護するための強行規定であり、当事者の特約をもってしても、これを短縮することはできません。

第19条　発注者の中止権、解除権

（1）　発注者は、必要によって、書面をもって受注者に通知して工事を中止し又は本契約を解除することができる。この場合、発注者は、これによって生じる受注者の損害を賠償する。

（2）　次の各号の一にあたるときは、発注者は、書面をもって受注者に通知して工事を中止し又は本契約を解除することができる。この場合、発注者は、受注者に損害の賠償を請求することができる。

a　正当な理由なく工期内に、受注者が工事を完成する見込みがないと認められるとき。

b　受注者が本契約に違反し、その違反によって契約の目的を達することができないと認められるとき。

c　受注者が建築士事務所の登録もしくは建設業の許可を取り消されたとき又はその登録もしくは許可が効力を失ったとき。

d　受注者が支払を停止する（資金不足による手形、小切手の不渡りを出すなど）などにより、受注者が工事を続行することができないおそれがあると認められるとき。

e　受注者が以下の一にあたるとき。

ア　役員等（受注者が個人である場合にはその者を、受注者が法人である場合にはその役員又はその支店もしくは常時建設工事の請負契約を締結する事務所の代表者をいう。以下この号において同じ。）が暴力団員による不当な行為の防止等に関する法律第２条第６号に規定する暴力団員又は同号に規定する暴力団員でなくなった日から５年を経過しない者（以下この号において「暴力団員等」という。）であると認められるとき。

イ　暴力団（暴力団員による不当な行為の防止等に関する法律第２条第２号に規定する暴力団をいう。以下この号において同じ。）又は暴力団員等が経営に実質的に関与していると認められるとき。

ウ　役員等が暴力団又は暴力団員等と社会的に非難されるべき関係を有していると認められるとき。

（3）　発注者は、書面をもって受注者に通知して、本条（1）又は（2）で中止された工事を再開させることができる。

（4）　本条（1）により中止された工事が再開された場合、受注者は、書面をもって、発注者に対してその理由を明示して必要と認められる工期の延長を請求することができる。

【趣旨】

発注者の自己都合による工事の中止権、契約解除権を定めるとともに、受注者の責めに帰すべき事由により、工事を中止し、契約を解除できることを規定しました。また、反社会的勢力の排除を規定しました。

【解説】

（1）民法第641条では、発注者の一方的な都合により契約を解除することができる旨定められていますが、これは発注者が必要としなくなった建築物を建てさせることの経済的な不合理性を考慮した規定であり、同様の趣旨から、本項が規定されています。また、この場合、一方的な変更により受注者が不測の負担を強いられる可能性があるため、民法上、受注者は発注者に対し、損害賠償を求めることができると規定されています。本項の後段は、それと同様の趣旨です。

なお、この場合でも、得べかりし利益（逸失利益）を請求できるかが問題になりますが、第15条（3）において、工事を大幅に減少した場合、逸失利益までは請求できないことを明記しましたが、本項は、単なる工事の減少ではなく、発注者の都合による工事の中止又は契約の解除であることから、逸失利益を請求できないとまでは明記していません。従って、受注者は逸失利益も損害として発注者に請求できることになります。

（2）発注者が工事を中止し、又は契約を解除できる、受注者の責めに帰すべき事由をａ．～ｅ．に列挙しました。

ｃ．では、本約款は受注者が設計を行い、工事監理を行うことを前提としているため、受注者が建築士事務所登録を抹消された場合（登録の効力が失われた場合）は、発注者から工事中止又は契約解除をできる事由としました。

ｅ．は、いわゆる反社会的勢力排除の条項です。

ア．受注者（元請負者）の役員等が暴対法第２条第６号の暴力団員又は同号に規定する暴力団員でなくなった日から５年を経過しない者（以下「暴力団員等」という。）であると認められるとき。

「役員等」とは、「受注者が個人である場合にはその者を、受注者が法人である場合にはその役員又はその支店もしくは常時建設工事の請負契約を締結する事務所の代表者をいう。」と定義しました。役員とは、代表取締役、取締役、監査役、執行役、執行役員、会計監査人、理事、監事などをいうと解せられます。相談役、顧問などは当該法人における役割・地位等により実態的に判断することになると考えます。

また、建設業法上の許可営業所（支店又は常時建設工事の請負契約を締結する事務所）の代表者も「役員等」に含まれることになると思われます。

なお、建設業法及び建築士法における登録の拒否事由に当たる「同号に規定する暴力団員でなくなった日から５年を経過しない者」も対象とすることとし、暴力団員と合わせて「暴力団員等」と定義しました。

イ．暴対法上の暴力団又は暴力団員等が経営に実質的に関与していると認められるとき。

「経営に実質的に関与している」とは、さまざまな形態が考えられますが、例えば、当該法人の大株主、出資者等当該法人の経営に影響を与える者が、暴対法上の暴力団又は暴力団員等である場合はこれに含まれると考えられます。

ウ．役員等が暴力団又は暴力団員等と社会的に非難されるべき関係を有していると認められるとき。

「社会的に非難されるべき関係を有している」とは、例えば、役員等が自己等の不正の利益を図る目的又は第三者に損害を加える目的をもって暴対法上の暴力団又は暴力団員を利用した場合や、役員等が暴力団又は暴力団員に対して資金供給又は便宜供与をするなど、直接的あるいは積極的に暴力団の維持、運営に協力・関与している場合も含まれることになると考えます。例えば、受注者が社長名で当該工事を暴力団企業に下請け発注している場合も、役員等が社会的に避難されるべき関係を有していると判断される可能性が高いと思われます。

（3）発注者は、自己の都合により中止した工事又は受注者の責めに帰すべき事由により中止していた工事を、書面通知により通知することにより再開することができる旨を定めました。ただし、（1）により、発注者の自己都合により中止していた工事を再開する場合は、（1）にあるとおり、中止により受注者が被った損害を賠償することが必要となります。

（4）上記（3）と関連し、（1）により、発注者の自己都合により中止された工事を再開する場合、工事費の増加や損害については、（1）でカバーされますが、工期の延長に関しては、本項でカバーされることになります。

【民間連合工事約款との比較】

民間連合工事約款とほぼ同様ですが、受注者において建築士法上の建築士事務所登録が取消された場合も中止・解除事由になることが追加されています。

【関連条文】

・民法第641条（注文者による契約の解除）
・暴力団員による不当な行為の防止等に関する法律第２条第２号、第６号

ひとことアドバイス

受注者の役員等が暴力団又は暴力団員であるとき、あるいは暴力団又は暴力団員等と社会的に非難されるべき関係を有していると認められるとき、又は経営に実質的に関与しているとき、発注者は契約を解除することができます。また、当該契約解除に伴う損害の賠償を受注者に求めることができます。

第20条　受注者の中止権、解除権

（1）　次の各号の一にあたるとき、受注者は、発注者に対し、書面をもって、相当の期間を定めて催告してもなお解消されないときは、工事を中止することができる。

a　発注者が前払又は部分払を遅滞したとき。

b　発注者が正当な理由なく第9条（1）又は（2）による協議に応じないとき。

c　不可抗力などのため受注者が施工できないとき。

d　本項a、b又はcのほか、発注者の責めに帰すべき事由により工事が著しく遅延したとき。

（2）　本条（1）における中止事由が解消したときは、受注者は、工事を再開する。

（3）　本条（1）により中止された工事が再開された場合、受注者は、発注者に対してその理由を明示して必要と認められる工期の延長を請求することができる。

（4）　次の各号の一にあたるとき、受注者は、書面をもって発注者に通知して本契約を解除することができる。

a　本条（1）における工事の遅延又は中止期間が2ヶ月以上になったとき。

b　発注者が本契約に違反し、その違反によって契約の履行ができなくなったと認められるとき。

c　発注者が以下の一にあたるとき。

ア　役員等（発注者が個人である場合にはその者を、発注者が法人である場合にはその役員又はその支店もしくは営業所等の代表者をいう。以下この号において同じ。）が暴力団員による不当な行為の防止等に関する法律第2条第6号に規定する暴力団員又は同号に規定する暴力団員でなくなった日から5年を経過しない者（以下この号において「暴力団員等」という。）であると認められるとき。

イ　暴力団（暴力団員による不当な行為の防止等に関する法律第2条第2号に規定する暴力団をいう。以下この号において同じ。）又は暴力団員等が経営に実質的に関与していると認められるとき。

ウ　役員等が暴力団又は暴力団員等と社会的に非難されるべき関係を有していると認められるとき。

（5）　発注者が支払を停止する（資金不足による手形、小切手の不渡りを出すなど）などにより、発注者が工事請負代金の支払能力を欠くおそれがあると認められるとき（以下本項において「本件事由」という。）は、受注者は、書面をもって発注者に通知して工事を中止し又は本契約を解除することができる。受注者が工事を中止した場合において、本件事由が解消したときは、本条（2）及び（3）を適用する。

（6）　本条（1）又は（4）の場合、受注者は、発注者に損害の賠償を請求することができる。

【趣旨】

受注者が工事を中止できる、発注者の責めに帰すべき事由を列記するとともに、契約解除できる旨も列記しました。また、反社会的勢力の排除も規定しました。

【解説】

（1）受注者が工事を中止できる、発注者の責めに帰すべき事由をa.～d.に列挙しました。

なお、前条の発注者の中止権と異なり、受注者は、相当な期間を定めて発注者に是正催告してもなお当該事象が解消、改善されない場合に初めて工事を中止できることに留意しなければならなりません。

（2）上記（1）の定めを受け、受注者の是正催告により、工事中止事由が解消された場合、受注者は工事を再開する必要があることを定めました。当該事由が解消された以上、受注者に工事を再開する義務があることを明らかにしたものです。ただし、（3）又は（6）に定める工期の延長及び損害の賠償に関し、発注者と協議が整わない場合は再開する必要はないと考えられます。

（3）上記（2）により、工事が再開された場合、受注者は、発注者に対して、その理由を明示して必要と認められる工期の延長を請求することができます。

（4）受注者が契約解除できる、発注者の責めに帰すべき事由を a.～ d. に列挙しました。

c. は、発注者が反社会的勢力である場合の排除条項です。内容的には、前条（2）e. と同様です。（ただし、ア. においては、前条と異なり、発注者は建設業者でないため（建設業者として請負契約を締結するものではないため）、「常時建設工事の請負契約を締結する事務所」ではなく、単に「営業所等」としています。）

（5）発注者が工事請負代金の支払能力を欠くおそれがあると認められるときに、受注者から工事を中止し又は契約を解除できる規定です。

「支払能力を欠くおそれがあると認められる」としていることから、手形の不渡りを出すなど現実に支払停止にある必要はなく、そのおそれがある場合（将来支払停止になる蓋然性が高い場合）も含まれます。

工事を中止した場合に当該中止事由が解消した場合は、受注者は工期の延長及び損害の賠償に関する問題を解決したうえで、工事を再開しなければなりません。

（6）本条（1）による工事の中止の場合及び（4）による契約の解除の場合、双方とも発注者の責めに帰すべき事由によるものであることから、中止にともなう手待ち費用や契約の解除に伴う逸失利益を含めて、受注者は発注者に対し損害の賠償を求めることができます。

【民間連合工事約款との比較】

民間連合工事約款にある契約解除事由のうち、小規模建築物用であるということも踏まえ、「工事の遅延又は中止期間が、工期の 1/4 以上になったとき」「発注者が工事を著しく減少したため、請負代金額が 2/3 以上減少したとき」を削除しています。

【関連条文】

・暴力団員による不当な行為の防止等に関する法律第 2 条第 2 号、第 6 号

ひとことアドバイス

発注者に手形・小切手の不渡りを出すなどにより、現実に工事請負代金の支払能力を欠くときだけでなく、信用不安があり、支払能力を欠くおそれがあるときでも、受注者は工事を中止し又は契約を解除することができます。

第21条　解除に伴う措置
本契約を解除したときは、工事の出来形部分は発注者が引き受けるものとして、工事請負代金を発注者、受注者が協議して清算する。

【趣旨】

契約が解除となった場合、双方協議して工事請負代金の清算を協議したうえで、出来形部分を発注者が引き受けることを規定しました。

【解説】

本契約を解除した場合、成果物としては、設計契約書に基づき作成された設計図書及び工事により途中まで出来上がっている部分（出来形部分）が存在します。本条では、当該解除に伴う措置については、設計図書等に関しては規定せず工事の出来形部分の帰属と清算についてのみ取り決めることとしました。

民法上は、契約解除となった場合、双方が原状回復義務を負うことになりますが、建設請負の場合、出来形部分を収去することは社会経済的にも大きな損失となります。従って、本条では、依頼主である発注者が出来形部分を引き取ることとしました。

そして、引き受けにあたっては、双方協議し、解除時点での出来形部分を評価し、工事請負代金額を算出（減額）して清算することになります。発注者からの過払いがある場合は返金清算することになります。

検査済みの工事材料及び建設設備の機器に関しても、双方協議して清算することになります。

なお、設計図書等に関しては、設計契約書の段階での解除（設計契約書「８．解除に関する事項」）も含め、その清算・帰属に関しては、当事者の協議に委ねることにしました。

【民間連合工事約款との比較】

民間連合工事約款においても、契約解除時の出来高部分については、発注者が引き受けるものとして清算することになりますが、これに加えて、検査済みの工事材料、建設設備の機器についても、発注者が引き取り清算することになっています。

【関連条文】

・民法第545条（解除の効果）

ひとことアドバイス

　この契約が解除になった場合、工事出来形部分は、時価ではなく請負代金内訳書の単価を基準にして査定した金額で清算され、発注者が引受けることになります。設計図書等の清算方法については特に規定はありませんので、当事者間で協議して決めることになります。

第22条　紛争の解決

（1）　本契約のうち、工事の請負に関して発注者と受注者の間に紛争が生じたときは、建設業法による建設工事紛争審査会のあっせんもしくは調停又は仲裁合意書に基づく仲裁によってその解決を図ることができる。

（2）　前項の定めにかかわらず、本契約に関して発注者と受注者の間に紛争が生じたときは、発注者又は受注者は、訴えの提起又は民事調停法に基づく民事調停の申し立てをすることができる。

【趣旨】

工事の請負に関して双方間に紛争が生じた場合、原則として、紛争審査会において解決することを定めると同時に、裁判所による民事訴訟又は民事調停で解決することができることを規定しました。

【解説】

（1）「工事（施工）」に関して生じた紛争については、原則として、建設業法に基づいて設置された建設工事紛争審査会の解決（あっせん、調停、仲裁）に委ねることを規定しました。

なお、仲裁については、仲裁に付するという当事者の合意が必要であることから、発注者・受注者間で別途に仲裁合意書を締結する必要があります。

どこの紛争審査会に付するかの管轄については、当事者間で別途に合意した場合を除き、建設業法に定める管轄審査会によります。

なお、建設工事紛争審査会は、建設工事の請負契約に関する紛争を取り扱いますが、純粋な設計及び工事監理に関する紛争は取り扱わないので、この場合は、次項の裁判所での解決を図ることになります。

（2）前項の定めにかかわらず、建設工事紛争審査会の調停、あっせん等を経ることなく、裁判所に訴えを提起するなり、調停を申し立てたりして解決することも可能であることを明記しました。

ただし、前項の定めにより、仲裁合意書を取り交している場合は、当該仲裁合意が優先すると考えられるので注意が必要です。

【民間連合工事約款との比較】

民間連合工事約款でも、建設工事紛争審査会と裁判所による解決の二本立てとなっており、ほぼ同様の定めとなっています。

【関連条文】

・建設業法第19条第１項第14号〔契約に関する紛争の解決方法〕

・建設業法第25条以下〔建設工事紛争審査会の設置ほか〕

ひとことアドバイス

本契約に関して当事者間に紛争が生じた場合、工事の請負に関する紛争であれば、建設工事紛争審査会の仲裁に付することが可能ですが、そのためには、当事者間の意思を明確にするために「仲裁合意書」の取り交しが必要になります。

なお、「仲裁合意書」を取り交していない限り、一方当事者からの申し立てにより、裁判所の調停・訴訟による解決に委ねることも可能です。

第23条　補　則

本契約に定めのない事項については、必要に応じて発注者及び受注者が協議して定める。

【趣旨】

「本契約」とは、本約款第１条（1）において定めた「発注者と受注者間で締結された契約書（設計契約書及び工事請負等契約書）、この約款及び設計契約書に基づいて作成された添付の設計図書等を内容とする契約をいい、発注者と受注者の合意によって変更した場合の変更内容を含む」ものです。

本条は、上記した本契約を構成する契約図書において、定めのない事項については必要に応じて発注者及び受注者二者間の協議によって定めることを規定しています。

【解説】

この契約の履行にあたって、この約款および設計図書等に定めた事項以外のことで、当初から予測・特定できる事項については補則の条項として、契約の際に条文として加筆（又は特約条項と）しておくことが望ましいことです。

しかし、当初に予測・予知することのできない事態が生じることは多々あることであり、そのような場合に定めのない事項について、両当事者の意見が対立してしまうようでは、工事の円滑かつ適正な施工が妨げられることになります。

そこで、両当事者が十分協議し決定し、問題の解決に当たるべきこととしたのが本条です。

なお、本条に基づき、発注者・受注者が協議して契約の内容を定めるとしても、建設業法、建築士法、建築基準法等の法令に違反する合意ができないことはもとより、公序良俗に反する事項を契約内容とする合意もできないことは当然のことです。

書式の記載例

1　設計契約書

印　紙
XXXX円

【記載例】

小規模建築物・設計施工一括用

設計契約書

発注者（委託者）　甲野　太郎　（以下「発注者」という。）と

受注者（受託者）　㈱　ＡＢＣ工務店　（以下「受注者」という。）は、

発注者が計画する小規模建築物の建築（以下、この建築物を「本件建築物」といい、この建築の計画を「本計画」という。）に関し、受注者が設計等業務及び施工等を一括受注することを前提に、以下の設計等業務（以下「設計等業務」という。）を実施することに合意し、以下のとおり設計契約（以下「本契約」という。）を締結する。

1．本計画の名称　甲野　太郎　多摩別邸　新築工事

2．本計画地　東京都日野市南平×××

3．本件建築物の概要

（用途）　住　宅

（構造）　木造軸組

（規模）　１階床面積92.95㎡　２階床面積86.54㎡　合計179.49㎡（54.19坪）

4．設計等業務の種類、内容及び実施方法（委託する業務は、□にチェックを入れる。）

⑴　調査業務
☑敷地測量　□境界立会　☑地盤調査
☑その他　敷地内の既存建物・設備の調査

⑵　設計業務の種類、内容及び実施方法

a　設計条件等の整理

b　設計等業務工程表の作成

c　法令上の諸条件の調査

d　官公庁等関係機関との協議、打合せ

e　工事材料、設備機器等の選定に関する検討、助言

f　工事の実施のために通常必要となる図面、仕様書等（確認申請用図書を含む。以下、「設計図書等」という。）の作成

g　設計図書等の内容の説明

h　概算工事費の検討と説明

⑶　その他業務
□建築確認申請及び確認済証受領の代行（申請手数料は発注者の負担とする。）
☑　エネルギーの使用の合理化等に関する法律に基づく届出に係る手続きの代行
□

（民間(旧四会)連合協定用紙）

5．設計等業務において作成する設計図書等

☑配置図　☑平面図　☑立面図　☑断面図　☑設備図　☑仕様書

☑ 仕上げ概要表　☑ 工事費概算書　☐

6．設計等業務の実施期間

××年　××月　××日から工事着手まで

（ただし、4．(2)eは工事完了までの間、適宜。）

7．設計等業務報酬額と支払の時期

合　計　金 XXXXXXX 円

うち　業務報酬額　金 XXXXXXX 円

取引に係る消費税及び地方消費税の額　金 XXXXXX 円

（支払の時期）	（支払額）		
（ 契約締結時 ）	金 XXXXXXX 円	うち消費税等	金 X 円
（ 工事着手時 ）	金 XXXXXXX 円	うち消費税等	金 XXXXXX 円
（ ）	金 円	うち消費税等	金 円

8．設計等業務に従事することとなる建築士（建築設備士が従事する場合はその者も含む。）

【氏名】 ●●　●●

（資格）（ 一級 ）建築士　（登録番号）（国土交通大臣第×××××号）

設備設計一級建築士　（登録番号）（国土交通大臣第×××××号）

【氏名】 ▲▲　▲▲

（資格）（ 建築設備士 ）　（登録番号）（国土交通大臣第×××××号）

9．設計等業務の再委託

(1)　受注者は、設計業務を第三者に委託する場合は、建築士法第24条の3の定めに従う。

(2)　設計等業務の委託先　（業務を第三者に委託する場合に記載する。）

【委託する業務の概要】 設備設計

（建築士事務所の名称、所在地） 一級建築士事務所　㈱　●●設備　東京都港区赤坂××××

【委託する業務の概要】 構造計算、構造図面の作成

（建築士事務所の名称、所在地） 一級建築士事務所　▲▲建築士事務所　埼玉県川口市並木××××

（民間(旧四会)連合協定用紙）

10. 工事請負等契約に至らない場合の取扱い

本件建築物に関する工事請負等契約が発注者と受注者の間で締結されない場合、設計等業務の成果物等に関する取扱いについては、双方が協議のうえ決定する。

11. 解除に関する事項

(1) 発注者又は受注者が、本契約に定める事項に違反した場合、相手方が、書面をもって、相当の期間を定めて催告してもなお解消されないときは、相手方は、本契約を解除することができる。

(2) 前項に定めるほか、発注者又は受注者が、以下の各号の一にあたるとき、相手方は書面をもって通知のうえ、本契約を解除することができる。

a 役員等（発注者又は受注者が個人である場合にはその者を、発注者又は受注者が法人である場合にはその役員又は営業所等の代表者をいう。以下この項において同じ。）が暴力団員による不当な行為の防止等に関する法律第2条第6号に規定する暴力団員又は同号に規定する暴力団員でなくなった日から5年を経過しない者（以下この項において「暴力団員等」という。）であると認められるとき。

b 暴力団（暴力団員による不当な行為の防止等に関する法律第2条第2号に規定する暴力団をいう。以下この項において同じ。）又は暴力団員等が経営に実質的に関与していると認められるとき。

c 役員等が暴力団又は暴力団員等と社会的に非難されるべき関係を有していると認められるとき。

12. その他（特約事項等があればこの欄に記入する。）

本件建築物に関する工事請負等契約が発注者と受注者の間で締結されない場合、設計契約書「10.」の定めに関わらず、発注者は、受注者に、設計等業務報酬の支払を行うと同時に、設計等業務の成果物を引受けることにより清算するものとする。受注者はこれにより発注者に成果物の著作権を譲渡するとともに著作者人格権は主張しない。なお、受注者は当該成果物に対する責任を一切負わないものとする。

受注者の建築士事務所登録に関する事項

建築士事務所の名称 一級建築士事務所 ㈱ ＡＢＣ工務店

所在地 東京都八王子市田村×××

区分（一級、二級、木造） （ 一級 ）建築士事務所 （ 東京都 ）知事登録第 ×××× 号

開設者の氏名 （開設者が法人の場合は「当該開設者の名称及びその代表者の氏名」を記入）

㈱ ＡＢＣ工務店 代表取締役 ●● ●●

（民間（旧四会）連合協定用紙）

本契約成立の証として本書を2通作成し、発注者及び受注者が署名又は記名、押印のうえ、各1通を保有する。

××年　××月　××日

（発注者）

住所又は所在地　東京都日野市南平×××

氏名又は名称　甲野　太郎　㊞

（受注者）

住所又は所在地　東京都八王子市田村×××

氏名又は名称　株式会社　ＡＢＣ工務店　代表取締役　●●　●●　㊞

（民間（旧四会）連合協定用紙）

印　紙
XXXXX円

【記載例】

小規模建築物・設計施工一括用

工事請負等契約書

発注者　甲野　太郎　　と

受注者　㈱　ＡＢＣ工務店　　は、

××年　××月　××日付け設計契約書に定める本件建築物に関し、次の各項の定め並びに添付の設計図書及び約款に基づき、工事及び工事監理業務（以下、これらを総称して「本件業務」という。）を実施することに合意し、以下のとおり工事請負等契約（以下「本契約」という。）を締結する。なお、設計契約書の内容は本契約に継承されるものとし、設計契約書の内容と本契約の内容に相違がある場合は本契約が優先する。

1．工事名　甲野　太郎　多摩別邸　新築工事　（以下「本工事」という。）

2．工事場所　東京都日野市南平×××

3．本件建築物の概要

（用途）　住　宅

（構造）　木造軸組

（規模）　1階床面積92.95㎡　2階床面積86.54㎡　合計179.49㎡（54.19坪）

4．本件業務の実施期間

⑴　施工（工期）

着　手　××年　××月　××日　　完　成　××年　××月　××日

引渡日　××年　××月　××日

⑵　工事監理業務

着　手　××年　××月　××日　　終　了　××年　××月　××日

5．本件業務の報酬額と支払の時期

⑴　工事請負代金額

合　計	金　XXXXXXXX	円
うち　工事価格	金　XXXXXXXX	円
取引に係る消費税及び地方消費税の額	金　XXXXXX	円

（支払の時期）	（支払額）	
契約時	金　XXXXXXX　円	うち消費税等　金　XXXXX　円
（　上棟時　）	金　XXXXXXX　円	うち消費税等　金　XXXXX　円
（　　）	金　　円	うち消費税等　金　　円
引渡時	金　XXXXXXXX　円	うち消費税等　金　XXXXXX　円

（民間(旧四会)連合協定用紙）

(2) 工事監理業務報酬額

合計金 XXXXXXX 円

うち業務報酬額　金 XXXXXXX 円

取引に係る消費税及び地方消費税の額　金 XXXX 円

（支払時期）　（支払額）

（　引渡時　）　金 XXXXXX 円うち消費税等　金 XXXX 円

6. 工事監理業務の種類、内容及び実施方法

約款第5条記載のとおり。

7. 工事監理業務における工事と設計図書との照合方法及び工事監理の実施状況に関する報告の方法

(1) 工事と設計図書との照合の方法

・立合い確認若しくは書類確認又は両者の併用による確認。（設計図書に記載のある場合は、その方法も含む。）

(2) 実施状況に関する報告の方法

・工事監理終了後に工事監理報告書を提出する。

8. 工事監理業務に従事することとなる建築士（建築設備士が従事する場合はその者も含む。）

【氏名】 ●●　●●

（資格）（　一級　）建築士　（登録番号）（国土交通大臣第××××号）

【氏名】 ▲▲　▲▲

（資格）（　設備設計一級建築士　）　（登録番号）（国土交通大臣第××××号）

9. 工事監理業務の委託先　（業務を第三者に委託する場合に記載する。）

【委託する業務の概要】 工事監理業務の一部

（建築士事務所の名称・所在地） 一級建築士事務所　㈱　××工務店　東京都目黒区江州×××

【委託する業務の概要】

（建築士事務所の名称・所在地）

10. 建設工事に係る資材の再資源化等に関する事項（※対象工事の場合の記載例）

本工事が、建設工事に係る資材の再資源化等に関する法律（平成12年法律第104号）第9条第1項に規定する建設工事に該当する場合は以下のとおりとする。

(1) 解体工事に要する費用　金 XXXXXXX 円（消費税及び地方消費税を除く。）

(2) 再資源化等に要する費用　金 XXXXXX 円（消費税及び地方消費税を除く。）

(3) 分別解体等の方法 手作業・機械作業の併用

(4) 再資源化等をする施設の名称及び所在地 ○○リサイクルセンター　埼玉県春日部市××

（民間(旧四会)連合協定用紙）

11. 特定住宅建設瑕疵担保責任の履行に関する事項

本工事が住宅の品質確保の促進等に関する法律第 2 条第 2 項の「新築住宅」に係る工事の場合（「特定住宅の瑕疵担保責任の履行の確保等に関する法律」（平成 19 年法律第 66 号）に定める特定住宅建設瑕疵担保責任の対象工事に該当する場合）、受注者が講ずべき瑕疵担保責任の履行を確保するための資力確保措置の内容は、以下のとおりとする。

住宅建設瑕疵担保責任保険に加入する場合

・保険法人の名称　○○○○○

・保　険　金　額　○○○○○

・保　険　期　間　完成引渡しから10年間

住宅建設瑕疵担保保証金を供託する場合、受注者は、供託所の所在地及び名称、共同請負の場合のそれぞれの建設瑕疵負担割合を記載した書面を発注者に交付し、説明しなければならない。

12. その他（特約事項等があればこの欄に記入する）

約款第14条第１項の定めに拘わらず、完成図の引渡しが、契約目的物の引渡しから２週間後となることを発注者・受注者双方了解する。

完成引渡し検査には、発注者が指定する建築士が立会うことを双方了解する。

受注者の建築士事務所登録に関する事項

建築士事務所の名称　一級建築士事務所　㈱　ＡＢＣ工務店

所在地　東京都八王子市田村×××

区分（一級、二級、木造）　（　一級　）建築士事務所　（　東京都　）知事登録第　××××　号

開設者の氏名　（開設者が法人の場合は「当該開設者の名称及びその代表者の氏名」を記入）

㈱　ＡＢＣ工務店　代表取締役　●●　●●

（民間(旧四会)連合協定用紙）

本契約成立の証として本書を2通作成し、発注者及び受注者が署名又は記名、押印のうえ、各1通を保有する。

××年　××月　××日

（発注者）

住所又は所在地　東京都日野市南平×××

氏名又は名称　甲野　太郎　㊞

（受注者）

住所又は所在地　東京都八王子市田村町×××

氏名又は名称　株式会社 ＡＢＣ工務店　代表取締役 ●● ●●　㊞

（民間（旧四会）連合協定用紙）

3 重要事項説明書

【記載例】

重 要 事 項 説 明 書

説明した日： ××年××月××日

《本書面の利用について》

建築士事務所の開設者は、建築士法第24条の7の規定により、建築士が行う設計と工事監理の業務委託契約を締結しようとするときは、工事種別、工事規模、工事金額等に係らず建築主に対して所定の事項を説明し、書面（重要事項説明書）を交付しなければなりません。

本契約書式では、「小規模建築物・設計施工一括用の設計契約書」の取り交わし時までに設計の重要事項を、「小規模建築物・設計施工一括用工事請負等契約」締結時までに工事監理の重要事項をそれぞれ所定の事項を説明し、説明事項を記載した重要事項説明書を交付して履行しなければなりません。その際に本書面を利用することができます。

なお、「小規模建築物・設計施工一括用設計契約書」の取り交わし時までに、設計と工事監理を含めた重要事項説明、重要事項説明書の交付を同時に（1回で）実施することもできます。

委託者（建築主） 甲野　太郎 様

受託業務名称（工事の名称）： 甲野太郎　多摩別邸新築工事

受託業務名称（業務の種別）： ☑設計　□工事監理　□設計と工事監理

建築士事務所の名　称： ㈱　ABC工務店　一級建築士事務所

建築士事務所の所在地： 東京都八王子市田村町×××

開 設 者 の 氏 名： ㈱　ABC工務店　代表取締役　社長　○○　○○

（受託者が法人の場合、開設者の氏名は法人の名称及び代表者氏名）

1．対象となる建築物の概要

建設予定地： 東京都日野市南平×××

主 要 用 途： 専用住宅

工 事 種 別： 新築

規 模 等： 木造軸組　1階床面積92.95㎡　2階床面積86.54㎡　合計179.49㎡

2．作成する設計図書の種類

案内図、配置図、求積図、仕上表、平面図、立面図、断面図、基礎伏図

その他建築確認申請図書一式

3．工事と設計図書との照合の方法及び工事監理の実施の状況に関する報告の方法

① 工事と設計図書との照合の方法： 立会い又は書類等による照合・確認を抽出により行う。

② 工事監理の実施の状況に関する報告の方法： 工事終了後に一括して工事監理報告書を提出する。

4．設計又は工事監理の一部を委託する場合の計画

① 設計又は工事監理の一部を委託する予定： ☑あり　□なし

② 委託する業務の概要及び委託先（ありの場合の内容等）

委託する業務の概要： 設計図面一式の作成

建築士事務所の名称： ㈱　○○○○一級建築士事務所

建築士事務所の所在地： 東京都八王子市南八王子×××

開 設 者 の 氏 名： ㈱　○○○○一級建築士事務所　代表取締役○○　○○

（受託者が法人の場合、開設者の氏名は法人の名称及び代表者氏名）

5．設計又は工事監理に従事することとなる建築士・建築設備士
（法第24条の8第1項第1号、第24条の7第1項第3号）

① 設計業務に従事することとなる建築士・建築設備士

〈氏名〉 ●● ●●
〈資格〉（ 一級 ） 建築士 〈登録番号〉（ 国土交通大臣第××××号 ）
〈氏名〉
〈資格〉（ ） 建築士 〈登録番号〉（ ）
（建築設備の設計に関し意見を聴く者）
〈氏名〉 該当なし
〈資格〉

② 工事監理業務に従事することとなる建築士・建築設備士

〈氏名〉 ●● ●●
〈資格〉（ 一級 ） 建築士 〈登録番号〉（ 国土交通大臣第××××号 ）
〈氏名〉
〈資格〉（ ） 建築士 〈登録番号〉（ ）
（建築設備の工事監理に関し意見を聴く者）
〈氏名〉 該当なし
〈資格〉

6．報酬の額及び支払の時期

① 報酬の額： XXXXXXX 円（税別金額） XXXXXXX円（税込金額）
上記金額には、建築確認申請及び確認申請済証受領の代行に係る費用を含みます。（ただし、申請手数料は含みません。）

② 支払の時期： 設計契約書締結時XXXXXXX円 工事着手時XXXXXXX円

7．契約の解除に関する事項

設計契約書「11．解除に関する事項」による。
工事請負等契約約款第19条～第21条の規定による。

（説明をした建築士）

氏 名： 丙川 三郎 ㊞

資格等： 一級建築士 （管理建築士）

上記の建築士から建築士免許証（免許証明書）の提示及び重要事項の説明を受け、重要事項説明書を受領しました。

××年××月××日

（説明を受けた建築主）

住 所： 東京都日野市南平××××

氏 名： 甲野 太郎 ㊞

リフォーム工事請負契約約款 編

Ⅰ　リフォーム工事請負契約書の概説
Ⅱ　Q＆A リフォーム工事請負契約約款書類の利用ガイド
Ⅲ　リフォーム工事請負契約約款　逐条解説
Ⅳ　書式の記載例

I

リフォーム工事請負契約書の概説

1　本契約約款の利用範囲

（1）対象当事者

本契約書類を使用し成立するリフォーム工事請負契約の契約当事者は、発注者となる建物所有者（個人又は法人）と受注者となるリフォーム工事業者の二者です。

（2）受注の形態

リフォーム工事を希望する発注者が､選択したリフォーム工事業者との間でリフォーム工事内容を決め、発注者・受注者間で工事請負契約を締結するものです。

（3）工事の規模等

請負代金額で、概ね500万円以下（ただし、500万円以下に限定するものではありません。）であり、建設工事フローチャートの事例で示す形態の小規模リフォーム工事での使用を想定しており、基本的に建築士法、建築基準法の規定に基づく建築士による設計及び工事監理を不要とする場合を前提としています。

なお、設計及び工事監理に建築士が関与しなくてはならない工事は以下の条項の規定によります。

- 建築士法第３条（一級建築士でなければできない設計又は工事監理）
- 同法第３条の２（一級建築又は二級建築士でなければできない設計又は工事監理）
- 同法第３条の３（一級建築士、二級建築士又は木造建築士でなければできない

設計又は工事監理）

- ● 建築基準法第5条の6（建築物の設計及び工事監理）

これらの法規制の対象外の工事範囲は、おおむね次の範囲となりますが、計画時に管轄する市役所の建築指導課等で確認して下さい。

- ◆ 建築基準法で規定する大規模な修繕・模様替え（建築物の主要構造部の一種以上について行う過半の修繕・模様替え）を伴わない修繕・模様替え工事。
- ◆ 大規模な修繕・模様替えを伴う場合は、木造であれば100m²以下かつ2階建て以下、木造以外の構造であれば30m²以下かつ2階建て以下の工事。

2 本契約書類の利用について

（1） リフォーム工事請負契約書類（書式・約款）

平成26年(2014)10月制定

本契約書類は、封筒の中に次の書式セットが入っています。

■ 請負契約締結時必要書類

- ・リフォーム工事請負契約書〔表紙〕（2部）
- ・リフォーム工事請負契約書（2部）
- ・打合せ内容・依頼事項書（2部）
- ・リフォーム工事　仕上表（2部）
- ・民間(旧四会)連合協定リフォーム工事請負契約約款（2部）

■ 工事着手後必要書類

- ・第__回工事変更合意書（2部）
- ・工事完了確認書（2部）

■ 利用の手引き（1部）

（2） 本契約書類の使用方法

発注者と受注者との間で、工事内容についての合意ができた段階で、工事着手前に契約書面の取り交わしを行います。取り交わす契約書類は、同封のリフォーム工事請負契約書表紙を使用し、契約を構成する書類を包み、袋とじにて原本2部を作成します。発注者、受注者が記（署）名、押印し、表紙（表、裏）を付け、各々契印を押印し完成させます。なお、契印とは数枚の書類が一連のものであることを証明する印のことです。使用する印鑑は、リフォーム工事請負契約書に契約の証として押印する印鑑と同じ印鑑です。

（3） 契約書類原本のとじ方の例

① 契約書の表紙の中に袋とじする順序

表紙（表）
- （A）リフォーム工事請負契約書
- （B）合意資料
  - B－① 打合せ内容・依頼事項書
  - B－② リフォーム工事 仕上表
  - B－③ 工事費内訳書
  - B－④ 使用する品番、型番が特定された製品カタログ等
- （C）民間(旧四会)連合協定リフォーム工事請負契約約款

表紙（裏）（A 3版を折って使います。）

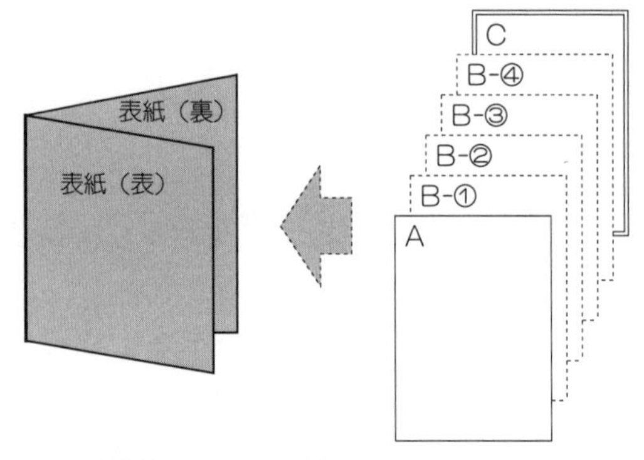

② 工事着手後必要資料について

次の書類については、工事着手後に作成するものですが、契約を構成する重要な書類ですので工事着手前に締結した請負契約書と共に収納保管します。

（D） 第 回工事変更合意書

（E） 工事完了確認書

③ とじ方の方法

イ）袋とじによる方法

同封の表紙に上記①の（A）～（C）を包み、ホチキスで2ヵ所とじた後、契約書用製本テープ等を使用し、袋とじにする。この場合、表（おもて）表紙、裏（うら）表紙と製本テープの綴り目にまたがって契約当事者（発注者、受注者）が契印（割印）を押して下さい。

ロ）ホチキスとじによる方法

袋とじをせず、2ヵ所のホチキスとじとする場合には、各ページの境にまたがって契約当事者（発注者、受注者）が契印を押して下さい。

使用する品番、型番が特定された製品カタログ等を合意資料とする場合は、該当箇所のコピーを使う場合とカタログ自体を資料とする場合が考えられます。後者の場合でカタログ自体が分厚いなど契約書にとじこむことが難しい場合には、打合せ内容・依頼事項書に製品名、品番、型番を転記し、製品カタログ等は別添としても構いません。

3　本契約書類の構成と内容（及び記載要領）

（A）　リフォーム工事請負契約書（記載例　122頁）

①　本契約書は、発注者と受注者間においてリフォーム工事請負契約の締結を前提として、発注者の要望事項を受け、受注者による現地調査確認、仕上げや施工方法の提案、見積金額の提示等の協議を経て、工事着手前に発注者、受注者間で合意した工事内容に基づき、取り交わされる書式です。

なお、建設業法第19条では、建設工事の請負契約の当事者は、契約の締結に際して、工事内容、請負代金の額、工事着手の時期及び工事完成の時期等、全14項目の必要事項を記載し、署名又は記名押印をして相互に交付すべく定めています。（本書７頁（２）建築工事契約と建設業法　参照）このリフォーム工事請負契約書及び後述する民間（旧四会）連合協定リフォーム工事請負契約約款は、建設業法が請負契約締結時に要求する法定事項を満足する内容となっています。

②「６．合意資料」欄には、発注者と受注者間で取り決め合意した工事内容を証する資料名を記載させるものです。合意資料については、リフォーム工事請負契約約款第１条（３）に「発注者の要望事項を受けて、受注者が作成した資料のうち発注者が書面で承諾したもの」と定義しています。本契約書類の使用を想定するリフォーム工事は、建築基準法及び建築士法で規定する建築士の関与が義務付けられる工事ではないため、建築士による設計（その者の責任において設計図書を作成すること（建築士法第２条第６項））業務がなく、設計図書というものはありません。そこで、本契約書類では、設計図書に代え、工事内容を示すものとして、合意資料がなんであるかを明確に記載し、紛争の原因となる、発注者、受注者間の合意内容に対する認識の相違を排除しようとするものです。

本契約書には、合意資料として以下「（B）合意資料」に説明する４種類の資料名があらかじめ印字されていますので、この４種類を合意資料とする場合は、資料名の□欄にチェックマーク☑を付けます。４種類以外の資料の場合は、第６項の空欄に資料名を追記しチェックマーク☑を付けます。

③「７－１．発注者側の事前調査の有無」とは、発注者が自ら又は受注者以外の専門業者等に依頼して実施した建物調査であり、調査を行っている場合には、発注者は、その調査結果について受注者に知らしめる必要があります。事前調査を実施している場合には、「７－２．発注者側の事前調査の概要（事前調査ありの場合）にその概要を記載します。

（B） 合意資料

B－① 打合せ内容・依頼事項書（スケッチを含む）（記載例　123頁）

発注者、受注者間の打合せにより確認した工事内容を記録する書式です。記載内容はリフォーム工事の種別により異なりますが、文章とスケッチにより工事内容を発注者と受注者双方がわかりやすい方法で記載します。

B－② リフォーム工事　仕上表（記載例　124頁）

リフォーム対象部位について、現況とリフォーム工事内容を具体的に記載する書式です。内部仕上表、外部仕上表、設備リフォーム内容、その他で構成しています。

B－③ 工事費内訳書

受注者が作成した見積書に基づき確定・合意した工事請負代金額の内訳明細書になります。専用の書式は用意していませんので、受注者（施工業者）が通常使用する書式を使用して下さい。

B－④ 使用する品番、型番等が特定された製品カタログ

家具や設備機器等の更新や新設をするリフォーム工事の場合には、製品カタログ等により協議し、最終的に使用するものを決定しますが、最終合意したものを明確にするため、選択した機器の品番、型番等が特定できる製品カタログ等を合意資料とします。

（C） リフォーム工事請負契約約款

契約に必要な個別事項を記入した契約書に対し、この約款は、契約条件を変更する場合や、契約当事者の何れかが契約条件に違反してしまった場合等の取り扱いや解決の方法等を全19箇条に整理し規定しています。これは契約書と一体として扱うことにより効力を持つものであり成立する請負契約を構成する重要なものです。

なお、約款の末尾に、特定商取引に関する法律の適用を受ける場合のクーリングオフについての説明書を加えており、仮に同法律の適用を受ける訪問販売等によりこの契約が成立した場合にも、この約款を用いていることにより契約解除の対応ができることになります。

（D） 第＿回工事変更合意書（記載例　126頁）

① 本合意書は、リフォーム工事請負契約締結以降に契約内容が変更になる場合に使用する変更合意書です。リフォーム工事請負契約約款第８条（施工条件の変更）又は第13条（工事の変更、工期の変更、工事請負代金額の変更）に基づいて変更する場合には、変更工事の着手前に本合意書を締結します。

工期変更の場合には、「1.　□　原契約書第２項の工期を次のとおり変更する。」にチェックマーク☑を付け、原契約の工期と変更後の工期を記入します。請負代金の変更を伴う場合は、「2.　□　原契約書第４項の工事請負代金を次のとおり変更する。」にチェックマーク☑を付け、原契約請負代金額、今回変更金額、変更後請負代金額を記入します。

② 変更回数が複数回となる場合には、書類のタイトルに回数を記載（例：第２回変更合意書）します。第１項の工期変更、第２項の請負代金額の記載方法は、原契約欄に前回までに変更された数値を記入します。

③「４．合意資料」欄には、リフォーム工事請負契約書と同様に、当該変更に関し発注者と受注者間で取り決め合意した工事内容を証する資料名を記載させるものです。添付記載例では、取り決めたキッチンセットをグレードアップしたことによる変更のケースです。変更金額は税込み216,000円、合意資料として受注者が作成した見積書、グレードアップキッチンセットが記載された製品カタログにチェックマーク☑を付けています。

（E） 工事完了確認書（記載例　127頁）

約款第12条で規定する工事完了時の手続きに際し取り交わす確認書類です。受注者があらかじめ２通作成し、発注者、受注者間でリフォーム工事が合意資料のとおり完了したことが確認された段階で、発注者は、完了確認日を記入し、記名、押印のうえ、１部を受注者に交付します。

請負契約書記載の工期の完了日と同書面に記載された完了確認日が異なる場合には、約款第15条により、同書面の記載日が工事完了日となり、瑕疵担保期間の起算日となります。

4　収入印紙の貼付

（A） リフォーム工事請負契約書

第４項　工事請負代金欄のうち工事価格欄の記載金額に応じた印紙の貼付が必要になります。

（D） 第＿回工事変更合意書

第２項　（１）今回変更金額欄の記載金額に応じた印紙の貼付が必要になります。

なお、印紙に関しては、貼付印紙代、軽減措置の対象となるか否かなど、個別案件に応じて、具体的に、国税庁等に確認して下さい。

〈注記〉

国税庁のホームページを見ると第２号文書（請負に関する契約書）において、消費税を区分して記載している場合、印紙税の課税金額は税抜き金額とするとのルールが掲載されています。本合意書は税込み金額のみの記載方法しか用意していないため、このままでは税込み金額に応じた印紙の貼付が必要になりますので注意して下さい。

Ⅱ

Q&A
リフォーム工事請負契約約款書類の利用ガイド

1　本契約書類について

Q1） この契約書類は、どのようなリフォーム工事の場合に適用できますか？

A） 請負代金額で、概ね500万円以下（ただし、500万円以下に限定するものではありません。）であり、小規模リフォーム工事での使用を想定しています。約款第１条（２）において、建築士法、建築基準法の規定に基づく建築士による設計及び工事監理を不要とする場合に限定しています。

Q2） この契約書類を使用するメリットは、どのようなことが挙げられますか？

A） 本契約書類を発行している民間(旧四会)連合協定 工事請負契約約款委員会には92年の歴史があり、当委員会が発行している工事請負契約約款は、建設業界に広く活用されています。本契約書類は、当委員会の調査・研究の成果として発行するものであり、発注者にとっても受注者にとっても安心して使用できる内容になっています。

2　工事請負契約の締結時

Q3）リフォーム工事でも請負契約書を作成し取り交わす必要があるのですか？

A）契約書の作成と取り交わしが必要です。建設業法では、建設工事の請負契約の当事者は、各々の対等な立場における合意に基づいて公正な契約を締結する義務があることを定め、かつ契約の締結の際には必要事項を書面に記載し、署名又は記名押印し相互に交付すべき義務を定めています。

Q4）いつまでに契約書を取り交さなくてはならないのですか？

A）双方が合意した時です。遅くとも工事着手前が前提です。

Q5）途中で工事内容が変更になったり、工事箇所を追加する場合は契約を変更できますか？

A）約款第13条　工事の変更、工期の変更、工事請負代金額の変更の規定に従い契約変更ができます。契約変更がなされた場合には、同封書式の「第__回工事変更合意書」を使用して相互ご確認下さい。

Q6）請負契約書に事前調査の有無とありますが、リフォーム工事業者はどの程度までの事前調査を行う義務があるのですか？

A）請負契約書第7項の事前調査の有無は、記載のとおり発注者側で行う事前調査の有無となります。仮に、あらかじめ発注者が別業者等に依頼して事前調査を実施していた場合、又は新築当時の設計図書等の工事関連資料に基づく事前調査を行っている場合は、その調査によって把握している情報を、発注者は受注者に提供する必要があります。

なお、受注者が、契約締結前に事前調査を行うことも想定されますが、もしこの調査が業務としての調査ではなく、リフォーム工事の施工方法等を検討し見積もり精度を高めるための任意調査であるとすれば、そもそも事前調査とは関係ありません。もっとも、特約で事前調査の内容を決めることは自由です。

Q7）約款第1条（2）に建築士による設計が必要な工事を除くとありますが、この工事を施工するための工事内容は誰が設計するのでしょうか？

A）本契約書類を使用するリフォーム工事は、基本的に建築士法の規定に基づく建築士による設計及び工事監理が不要となる場合を前提としています。そのために発注者（お客様）と受注者（工事施工者）間で工事の範囲と内容を確定し合意する必要があります。

約款第1条（3）に“本契約は、発注者の要望事項を受けて、受注者が作成した資料のうち、発注者が書面で承諾したもの（以下「合意資料」という。）に基づき、受注者は工事を完了し” とありますが、受注者が発注者の要望事項を受けて合意資料を作成し確認することが工事内容を確定させることになります。

「合意資料」については、リフォーム工事請負契約書上で明らかにできるようになっており、「打合せ内容・依頼事項書」「リフォーム工事仕上表」の他、工事費内訳書や使用する製品の品番、型番が特定された製品カタログ等を想定しています。

Q 8）本契約書類の使用を想定しているリフォーム工事の請負代金額は、概ね500万円以下との説明がありましたが、500万円を超えるリフォーム工事には使用できないのでしょうか？

A）500万円に限定するものではありません。本契約書類の使用を想定しているリフォーム工事は、建築士法の規定において設計及び工事監理に建築士が関与しなくてはならない工事以外かつ建築基準法の規定により建築確認申請が必要な工事以外の小規模リフォーム工事と考えていますので、500万円を超えるとしても、これらの条件を満たしていれば使用は可能です。

Q 9）約款第４条に発注者が委託するアドバイザーの規定がありますが、アドバイザーとはどのような資格者であり、この契約上どのような役割を担う立場となるのでしょうか？

A）この契約の当事者は、発注者と受注者の二者のみであり、約款第４条で想定するアドバイザーは、契約当事者とはなりません。また、この契約が定めるアドバイザーの資格や役割というものは特にありません。しかし、発注者が建築にかかわる知識を有さない一般のお客様であると考えた場合、より良いリフォーム工事を完成させるために仮に発注者が知り合いの建築士等建築関連の専門家に第三者的な助言を仰ぎ、その見解や判断を参考にすることは発注者にとっても有益だと考えられます。アドバイザーを委託するか否かは発注者の任意の判断によります。

その資格については、条項では建築士等としておりますが、民間資格でもリフォームに関して適切にアドバイスができる人であれば可能と考えています。

Q10）訪問販売でリフォーム工事を実施した場合にはいつでも契約解除ができるのですか？

A）リフォーム業者が、勧誘に先立って、役務提供契約の締結について勧誘する目的である旨及び当該勧誘に係る役務の種類を明らかにせずに勧誘した場合、あるいは訪問販売により契約を締結した場合であって、役務提供契約の内容を明らかにする書面（請負契約書）に書面の内容を十分に読むべき旨を赤枠の中に赤字で記載していない契約を締結した場合には、発注者は契約解除をすることができます。民間（旧四会）連

合協定 リフォーム工事請負契約約款末尾の（特定商取引に関する法律の適用を受ける場合のクーリングオフについての説明書）は特定商取引に関する法律の規定に基づく内容となっていますので、受注者は、本契約書の締結とあわせて発注者がクーリングオフができる旨説明する必要があります。詳細については、逐条解説をご覧下さい。

3 工事施工中

Q11） 約款第６条で受注者は技術者を定めることになっていますが、技術者を定めなければ工事はできないのでしょうか？

A） 本契約書類の使用を想定しているリフォーム工事の請負代金額は、概ね500万円以下ですので、厳密にいえば、建設業の許可が必要のない場合と、必要な場合があります。同条（1）は、建設業法上の規定ですので、建設業許可を受けた建設業者が工事を受注する場合には、建設工事の施工に関する一定の資格や経験を持つ技術者の設置が必要となります。（1）の主任技術者は、建設業法第26条第１項にて建設工事の施工の技術上の管理をつかさどるものとして規定されています。主任技術者の資格要件は以下のとおりです。

① 許可に係る建設業の工事について高等学校の関連学科卒業後５年以上の実務経験者、高等専門学校又は大学の関連学科卒業後３年以上の実務経験者

② 許可に係る建設業の工事について10年以上の実務経験者

③ ①又は②と同等以上の知識、技術、技能があると認められる者（土木施工管理技士、技術士、建築士等）

同条（2）で想定する工事担当者は、軽微な建設工事のみを請け負うことを業とする者で建設業の許可を有する必要がない者が受注者となる場合の想定です。工事担当者とは、当該工事全般の責任者であり、営業担当者ではありません。なお、建設業の許可を得ないで営業できる軽微な建設工事とは、工事１件の請負代金の額が建築一式工事にあっては、1,500万円に満たない工事又は延べ面積が150平方メートルに満たない木造住宅工事、建築一式工事以外の建設工事にあっては500万円に満たない工事（建設業法第３条第１項ただし書）ですが、詳しくは国土交通省にお問い合わせ下さい。

発注者としては、リフォーム工事業者選定過程で、候補業者に建設業許可の有無を確認し、建設業許可が必要のないリフォーム業者に発注する場合には、受注者に工事担当者を指名してもらうことになります。工事担当者は、原則として、この契約にかかわる工事全般を担当します。

Q12）既存建築物のリフォーム工事ですから、実際の施工を開始した後に、例えば新築時の施工不具合箇所や、施工不具合等を放置していたことが原因で、下地や躯体、設備機器等が痛んでいて、取り決めた工事ができない場合はどうなるのですか？

A）約款第８条に施工条件の変更にかかわる規定がありますので、同条に従い発注者、受注者間で協議し取り決めることになります。

リフォーム工事は、新築工事と異なり既存の建築物に対する工事なので、工事の内容によっては、機器や仕上材を撤去した段階で、当初の想定と異なる下地の状況や躯体の劣化状況等が確認されることも想定されます。同条はこのような場合の発注者、受注者相互の役割を定めています。同条で想定する、「受注者が善良な管理者としての注意を払っても発見できない事由によって工事着手後に合意資料のとおりに施工することが不可能、又は不適切と客観的に判断される場合」とは、受注者が合意資料を作成した段階では、受注者の注意義務を尽くしても想定できなかった事象、例えば新築時を含め、それまでになされた工事が原因と考えられる躯体等の施工不良、想定を上回る下地の劣化等で、破壊検査等特別な調査を経なければ確認できないような事象を想定しています。同条では、受注者が工事着手後にこのような状況を発見した場合に、直ちに発注者に通知する義務を負わせています。そして発注者が受注者から通知を受けた場合、あるいは自らそのような状況であることを発見した場合には、発注者・受注者間で、合意した工事内容、工期、工事請負代金額を変更するなど必要な措置方法を協議することを相互の義務としています。

4 工事完了時

Q13）リフォーム工事の完了はどのようにして確認するのですか？

A）リフォーム工事請負契約締結時に工期を定めますので、受注者は契約工期内で工事を完了させる義務を負うことになります。約款第11条で工事完了の確認方法を定めており、受注者は、工事を完了したときは工事が合意資料のとおりに完了していることの確認を発注者に求め、発注者は、受注者の立会いのもと工事が合意資料（打合せ内容・依頼事項書、リフォーム工事仕上表、工事費内訳書、使用する製品の品番、型番が特定された製品カタログ等）のとおりに完了しているか確認する義務を負うことになります。

新築工事等では、発注者より委託を受けた監理者（建築士）が完成検査を行うことが多いと思われますが、本契約書類の使用を想定しているリフォーム工事には、基本的に建築士等の建築専門家が介在しません。中立的な判断者がいないことは、発注者の主観的な視点で完了を認めないケースや、逆に発注者が専門家ではないがゆえに受注者の手抜き工事を見抜けないことなど紛争の要因を作ることにもなりかねません。紛争を防止する為には、何よりも発注者、受注者相互理解のもとに工事が進められることが重要ですが、完了確認は、できるだけ建築士等の有資格者に立会ってもらうとよいでしょう。

Q14) リフォーム工事の完了手続はどうするのですか？

A) 約款第12条（1）に従い発注者、受注者間で工事完了確認書を取り交わします。リフォーム工事では、新築工事のように建築物の引渡しや登記手続がないので、工事完了日の認識にずれが生じるおそれがあります。完了確認の結果、修補作業等により工事完了確認日がずれ込むような場合、工事完了確認時に、受注者は工事完了確認書を２部用意し、発注者が工事完了を確認した証しとして日付を記入し、署名、押印し、その１部を受注者に交付することで工事完了日が明確に記録されることになります。

5　工事完了後

Q15) この契約における受注者の瑕疵担保責任の期間は何年になるのでしょうか。また、瑕疵担保期間の起算日はいつになるのでしょうか？

A) 約款第15条の規定により、工事完了日（第12条記載の工事完了確認書の完了確認日）より１年間となります。ただし、構造耐力上主要な部分の瑕疵（構造耐力に影響のないものを除く）については、工事完了日から、民法第638条第１項に定める構造の種類に応じた期間としています。民法第638条第１項の規定は、土地の工作物について瑕疵がある場合の瑕疵担保責任の存続期間は原則５年と規定していますが、石造、土造、れんが造、コンクリート造、金属造その他これらに類する構造の工作物については10年と定めています。つまり構造耐力に影響を及ぼす瑕疵については、受注者は、５年間又は10年間瑕疵担保責任を負うことになります。

Q16) 万が一工事に起因する瑕疵が発生した場合、契約上の瑕疵担保責任に基づき修補請求できることはわかりましたが、施工したリフォーム工事会社が倒産してしまう場合などはどうなるのでしょうか？

A) 万が一リフォーム工事業者の資力等に不安があるのであれば、リフォームかし保険制度を利用することをお奨めします。ただし保険契約者はリフォーム工事業者ですので業者を選別する段階で加入の有無等について確認して下さい。制度の内容としては、リフォーム工事業者が負う瑕疵担保責任（本契約約款第15条）に基づき実施する瑕疵補修費用や損害賠償支払に要した費用に対して保険金が支払われるものです。万が一、リフォーム工事業者が倒産など義務の履行ができなくなった場合には、保険会社が補修等に必要な費用を直接発注者に支払うものです。

III

リフォーム工事請負契約約款　逐条解説

第1条　総　則

（1）　発注者と受注者とは、おのおの対等な立場において、日本国の法令を遵守して互いに協力し、信義を守り、契約書、この工事請負契約約款（以下「約款」という。）に基づいて、誠実にこの契約（以下「本契約」といい、実施する工事を「本件リフォーム工事」という。）を履行する。

（2）　この約款は、リフォーム工事（建築基準法上の建築確認申請が必要な工事、及び建築士法上の建築士による設計又は工事監理が必要な工事を除く。）を対象に使用されるものである。

（3）　本契約は、発注者の要望事項を受けて、受注者が作成した資料のうち、発注者が書面で承諾したもの（以下「合意資料」という。）に基づき、受注者は工事を完了し、発注者は、工事請負代金の支払いを完了するものとする。

（4）　この約款の各条項に基づく協議、承諾、承認、確認、指示、請求等は、この約款に定めるもののほか、原則として、書面により行う。

【趣旨】

建設業法では、『建設工事の請負契約の当事者は、各々対等な立場における合意に基づいて公正な契約を締結し、信義に従って誠実にこれを履行しなければならない。』旨定めており、かつ同法により、当事者間で必要事項を記載した契約書の作成と交付は法的義務となっています。よって、受注者はもちろんのこと発注者も建設業法の規定を守る責任を有し、それぞれの役割分担が本条の趣旨となっています。

【解説】

（1）本契約は、工事の内容について発注者・受注者間で取り交わした「リフォーム工事請負契約書」に基づいて行うこととなります。

（2）本契約書類の使用対象を定めています。

本契約書類の使用を想定しているリフォーム工事は、発注者（お客様）と受注者（工事施工業者）間で締結する工事請負契約であり、建築士法の規定において設計及び工事監理に建築士が関与しなくてはならない工事や、建築基準法の規定により建築確認申請が必要な工事での使用は想定していません。請負代金額としては、概ね500万円以下（ただし、500万円以下に限定するものではありません。）の小規模リフォーム工事での使用に適した構成と内容になっています。

（3）「合意資料」について、当委員会で発行する民間連合工事約款は、一般的な規模の建築物の工事を対象としており、建築士法等の規定においてその設計及び工事監理に建築士が関与することを前提としています。つまり、受注者となる工事施工業者は、建築士が作成した設計図書（設計図、仕様書等）のとおりに建物を建築し完成させる義務を負うことになるのですが、本契約書類の使用を想定しているリフォーム工事には、基本的に建築士が関与しませんので、発注者（お客様）と受注者（施工業者）間で工事の中身を確定し合意する必要があります。

「合意資料」については、リフォーム工事請負契約書上で明らかにできるようになっており、「打合せ内容・依頼事項書」「仕上表」の他、工事費内訳書や使用する製品の品番、型番が特定された製品カタログ等が「合意資料」を構成することになります。

一般的にリフォーム工事におけるトラブルの原因としては、工事の内容の検討、協議が不十分なまま工事が開始され、その結果発注者と受注者間の思惑が相違することによって発生しています。よって、トラブルを防止するためには、契約までに十分協議し当然のことながらお互いに納得したうえで工事が行われることが必要です。また、合意した内容については書類上明確にしておけば、相互に疑義が生じた場合でも争いになることは少ないものと考えます。

（4）トラブル防止の観点から、発注者・受注者間における協議、承諾、確認、通知、請求等は、原則として書面により行う旨の規定を設けました。

もちろん、この条項により、書面によらない通知、確認、承諾等が直ちに無効になるものではないものの、トラブル防止の観点から、一旦口頭でなされたものであっても、速やかに、通知書、議事録等で書面化し確認しておくことが必要です。

【関連条文】

・建設業法第18条（建設工事の請負契約の原則）

・建設業法第19条（建設工事の請負契約の内容）

・建築士法第３条～第３条の３〔建築士でなければできない設計又は工事監理〕

・建築基準法５条の６（建築物の設計及び工事監理）

第２条　権利、義務の譲渡などの禁止

発注者及び受注者は、相手方の書面による承諾を得なければ、本契約から生ずる権利又は義務を第三者に譲渡すること、又は承継させることはできない。

【趣旨】

本条は、契約当事者が相手方の書面による承諾なしで本契約から生じる権利・義務を第三者に譲渡・承継することを禁ずる条項です。

【解説】

請負契約の当事者相互の大きな義務は、受注者の仕事完成義務と完成物の引渡し義務及び発注者の報酬支払義務です。逆に受注者は、発注者に対し仕事の完成に対する報酬請求権を有し、発注者は受注者に対し仕事の完成を求める権利を有しています。

例えば、受注者が工事請負代金請求権を第三者に譲渡するケースや発注者がリフォーム中の住戸を第三者に売却するなどし、本契約上の発注者の地位を第三者に譲渡する場合が該当します。

第３条　一括下請負・一括委任の禁止

あらかじめ発注者の書面による承諾を得た場合を除き、受注者は、工事の全部又は大部分を一括して、第三者に委任又は請け負わせることができない。

【趣旨】

本条は、受注者が発注者と合意し契約したリフォーム工事の施工に関し、受注者が発注者の承諾なしで別のリフォーム業者に全部又は大部分を一括して請け負わせることを禁止する条項です。

【解説】

本条の定めに基づけば、受注者が請負ったリフォーム工事の全部又は大部分を専門業者へ発注する場合でも、発注者に報告し、書面での承諾を得ることになれば契約違反とはなりません。ただし、発注者が一括発注を書面で承諾したとしても、受注者の請負契約責任が軽減されることはなく、品質、工程、安全管理などを実施する義務を有することは言うまでもありません。

【関連条文】

・建設業法第22条（一括下請負の禁止）

第４条　発注者が委託するアドバイザー
　発注者は、建築士等の第三者（以下「アドバイザー」という。）に本件リフォーム工事に関係するアドバイザー業務等を委託する場合は、あらかじめ書面をもって、以下の項目につき受注者に通知する。
　a　アドバイザーの氏名又は名称及び住所
　b　アドバイザーの資格等
　c　アドバイザーに委託した内容

【趣旨】

　発注者が、本契約以外に建築士等の第三者に何らかの業務を委託する場合を定めた条項です。

【解説】

　より良いリフォーム工事を実施するためには、発注者が、工事施工業者となる受注者だけでなく、建築士等のリフォームに関連した専門家にアドバイスを求めることが考えられます。そこで発注者が、第三者の専門家に何らかの業務を委託する場合には、受注者へ通知することを義務付けたものです。
　本契約書類を使用し締結されるリフォーム工事請負契約の当事者は、発注者と受注者の二者のみであり、本条で定めるアドバイザーは、契約当事者とはなりません。しかし、発注者がリフォーム工事や建築設計の専門家にアドバイザー役等、何らかの業務を委託する場合は、発注者を通じてアドバイザーからの質疑や指示が受注者に伝えられる場合も想定されます。その場合、発注者、受注者間の無用な混乱を避けるためにも、アドバイザーの基本事項について発注者から受注者にあらかじめ通知し、その役割等について十分に説明し相互に理解しておくことが重要です。

第５条　工程表

受注者は、本契約を締結したのち速やかに工程表を発注者に提出する。

【趣旨】

本条は、受注者が契約締結後に工程表を発注者に提出する義務を定めた条項です。

【解説】

小規模リフォーム工事では、発注者が居住を続けながら工事を実施する場合が大半を占めるものと考えられます。発注者にとって、いつどのような工事が実施されるのかを把握することは日常生活を継続するうえでとても重要ですし、受注者にとっても工程どおりに工事を進めるためには発注者の理解が重要となります。そこで受注者には、契約締結後速やかに工程表を作成し発注者に提出することを義務付けたものです。なお、本条は、工程表を提出し、工事工程を発注者に説明することを主眼に置くものですので、工程表の記載内容に法的拘束力を持たせるものではありません。

第６条　技術者など
（１）　受注者が建設業許可を受けた建設業者の場合、建設業法第26条第１項に規定する主任技術者を定め、書面をもってその氏名を発注者に通知する。
（２）　受注者が建設業許可を受けずに建設業を営む者である場合、受注者は、工事担当者を指名し、書面をもってその氏名を発注者に通知する。

【趣旨】

本条は、施工技術の確保を目的として受注者の現場責任者の設置義務を定めた条項です。

【解説】

工事の内容・規模にもよりますが、リフォーム工事においても受注者が専門工事業者を選定し下請負施工をさせる場合が想定されます。発注者の立場で考えますと、工事内容を決める交渉は受注者と行っていますので、当然のことながら工事施工段階でも受注者としての技術者又は担当者を明確にしておく必要があります。

（１）建設業法の規定では、建設業許可を受けた建設業者が工事を受注する場合には、建設工事の施工に関する一定の資格や経験を持つ技術者の設置が必要となります。主任技術者は、建設業法第26条第１項にて建設工事の施工の技術上の管理をつかさどるものとして定められています。

主任技術者の資格要件は以下のとおりです。

①　許可に係る建設業の工事について高等学校の関連学科卒業後５年以上の実務経験者、大学の関連学科卒業後３年以上の実務経験者

②　許可に係る建設業の工事について10年以上の実務経験者

③　①又は②と同等以上の知識、技術、技能があると認められる者（土木施工管理技士、技術士、建築士等）

（２）軽微な建設工事のみを請け負うことを業とする者で、建設業の許可を有する必要がない者が受注者となる場合は、建設業法で定める主任技術者の設置義務は生じません。工事担当者とは、当該工事全般の責任者であり、営業担当者ではありません。

なお、建設業の許可を得ないで営業できる軽微な建設工事とは、工事１件の請負代金の額が建築一式工事にあっては、1500万円に満たない工事又は延べ面積が150平方メートルに満たない木造住宅工事、建築一式工事以外の建設工事にあっては500万円に満たない工事（建設業法第３条第１項ただし書）ですが、詳しくは国土交通省にお問い合わせ下さい。

発注者としては、リフォーム業者選定過程で、候補業者に建設業許可の有無を確認し、建設業許可が必要のないリフォーム業者に発注する場合には、受注者に工事担当

者を指名してもらうことになります。工事担当者は、原則として、この契約にかかわる工事全般を担当します。

【関連条文】

・建設業法第３条（建設業の許可）

・建設業法第26条（主任技術者及び監理技術者の設置等）

第７条　工事材料等、支給材料等

（１）　工事材料又は建築設備の機器等（以下あわせて「工事材料等」という。）の品質について発注者の指示がなく、合意資料で明示されていない場合、受注者は、法令等により定められたもの、及びその他の場合においては中等のものを用いる。

（２）　発注者が支給する工事材料又は建築設備の機器（以下あわせて「支給材料等」という。）がある場合、発注者の負担と責任において支給する。

ただし、受注者は、これを使用することが適当でないと認めたものがあるときは、直ちにその旨を発注者に通知する。

【趣旨】

本条は、リフォーム工事で使用される建設設備の機器等の選定が受注者の裁量で行われる場合と、発注者が工事材料や設備機器を受注者に支給する場合の取り決めを定めた条項です。

【解説】

（１）工事材料等の品質については、リフォーム工事は比較的工種が少なく、「合意資料」のうち工事費内訳書等で品質等が明記されるものと考えますが、発注者の指示がなく、受注者の裁量に委ねられるものについては社会通念上中等のものを用いることとしています。

（２）発注者が仕上材や設備機器を別途購入し受注者に支給する場合、支給品の品質や性能等については、発注者の責任としています。ただし、受注者の義務として、支給材料等を当該工事の材料として使用することが適当でないと判断する場合には、直ちに発注者に通知することを義務付けています。

第8条　施工条件の変更
（1）　受注者は、工事着手後に、受注者が善良な管理者としての注意を払っても発見できない事由によって合意資料のとおりに施工することが不可能、又は不適切と客観的に判断される場合は、直ちにその旨を発注者に通知する。
（2）　前項の場合、又は発注者自ら前項に当たることを知った場合、工事の変更、工期の変更、工事請負代金額の変更など必要な措置方法につき、発注者及び受注者が協議して定める。

【趣旨】

リフォーム工事は、新築工事と異なり既存の建築物に対する工事なので、工事の内容によっては、機器や仕上材を撤去した段階で、当初の想定と異なる下地の状況や躯体の劣化状況等が確認されることも想定されます。本条はこのような場合の発注者、受注者相互の役割を定めた条項です。

【解説】

（1）本条で想定する、「受注者が善良な管理者としての注意を払っても発見できない事由によって工事着手後に合意資料のとおりに施工することが不可能、又は不適切と客観的に判断される場合」とは、受注者が合意資料を作成した段階では、受注者の注意義務を尽くしても想定できなかった事象、例えば新築時に発生したと考えられる構造躯体等の施工不良、想定を上回る下地の劣化等で、破壊検査等による特別な調査を行なわなければ確認できないような事象を想定しています。

（2）本条では、受注者が工事着手後にこのような状況を発見した場合に、直ちに発注者に通知する義務を負わせています。そして発注者が受注者から通知を受けた場合、あるいは自らそのような状況であることを発見した場合には、発注者・受注者間で、合意した工事内容、工期、工事請負代金額を変更するなど、必要な措置方法を協議することを相互の義務としています。

第9条　損害の防止、第三者損害

（1）　受注者は、契約の目的物及び第三者に対する損害を防止するため、関係法令に基づいて、工事と環境に相応した必要な措置をとる。

（2）　施工のために第三者に損害を及ぼしたときは、受注者がその損害を賠償する。ただし、その損害のうち発注者の責めに帰すべき事由により生じたものについては、発注者の負担とする。

（3）　前項の場合、第三者との間に紛争が生じたときは、受注者がその処理、解決にあたる。ただし、受注者だけで解決しがたいときは、発注者は受注者に協力する。

【趣旨】

本条は、契約の目的物等の損害の防止に関し、基本的には、受注者が自己の責任と負担で行うことを原則とし、万一施工により第三者に損害を及ぼした場合にも原則として受注者の責任とすることを定めた条項です。

【解説】

（1）リフォーム工事の目的物及び近隣や通行人等の第三者に対する受注者の損害防止責任を定めています。

（2）施工によって、近隣や通行人等の第三者に対し実際に損害を発生させてしまった場合の責任は、原則受注者に帰属し受注者が賠償義務を負うことになります。ただし、発生した損害のうち発注者の責めに帰すべき事由により生じた損害は発注者が賠償義務を負います。

なお、第三者とは、近隣者だけでなく通行人等を含み、また損害には人身事故・家屋損傷等の身体的・財産的損害も含まれます。

（3）近隣住民を含めた第三者損害については、発注者・受注者どちらに原因がある場合でも一次的には施工者がその解決にあたるのを原則としますが、受注者だけで解決することが難しい場合も多いことから、解決へ向けての発注者の協力義務を定めました。

第10条　施工について生じた損害等

（1）　工事完了までに、契約の目的物、工事材料等、支給材料等、その他施工について生じた損害は、受注者の負担とし、工期は延長しない。ただし、発注者の責めに帰すべき事由によるときは、発注者の負担とし、受注者は、発注者に対してその理由を明示して必要と認められる工期の延長を求めることができる。

（2）　工事完了までに天災その他自然的又は人為的な事象であって、発注者、受注者いずれにもその責めを帰することができない事由（以下「不可抗力」という。）によって、契約の目的物、工事材料等、支給材料等について生じた損害については、受注者が善良な管理者としての注意をしたと認められるものは発注者がこれを負担する。

（3）　火災保険、建設工事保険その他損害をてん補するものがあるときは、それらの額を前項の発注者の負担額から控除する。

【趣旨】

本条は、工事完了までの間に発生したリフォーム工事の目的物、工事材料等の施工一般に生じた損害にかかわる責任の所在を定めた条項です。

【解説】

（1）工事完了までの間に発生したリフォーム工事の目的物、工事材料等の施工一般に生じた損害は、原則として受注者の負担としています。

（2）（1）の損害が発注者、受注者いずれの責めにもよらない不可抗力を原因とする場合で、受注者が善良な管理者としての注意をしたと認められる場合の損害負担は、発注者としています。

ここでいう不可抗力とは、地震、台風等の自然災害の他、他からの火災等が該当します。リフォーム工事の場合、居住者が居住を継続しながら工事を進めることが多く、契約の目的物、工事材料等、支給材料等の管理責任が必ずしも受注者だけにあるとは言い切れない場合もあります。よって、不可抗力による損害のうち、受注者が善良な管理者としての注意をしたと認めるものは発注者負担としています。

（3）不可抗力を原因とする損害のうち、受注者が付保する損害保険から保険の支払いを受けられる場合には、発注者が負担することとなる負担額から保険支給額を差し引きます。

第11条　完了の確認
(1)　受注者は、工事を完了したときは工事が合意資料のとおりに完了していることを発注者に確認を求め、発注者は速やかにこれに応じて受注者の立会いのもとに確認を行う。
(2)　発注者の確認の結果、合意資料のとおりの工事がなされていない個所が確認されたときは、受注者は、速やかに修補、又は改造して発注者の再確認を受ける。

【趣旨】

本条は、工事完了確認手続を定めた条項です。

【解説】

(1) 本契約における受注者の義務は、合意資料（打合せ内容・依頼事項書、仕上表、製品カタログ等）のとおりにリフォーム工事を完了させることなので、発注者と受注者は、リフォーム工事が合意資料どおりに完了しているかどうかを確認します。

(2) 工事完了確認の結果、合意資料どおりにできていないことが確認された場合には受注者が修補又は改造して発注者は再度の確認を行います。

新築工事等では、発注者より委託を受けた監理者（建築士）が完成検査を行うことが多いと思われますが、本契約書類の使用を想定しているリフォーム工事には、基本的に建築士等の建築専門家が介在しないことを前提としています。

一方、中立的な判断者がいないことは、発注者の主観的な視点で完了を認めないケースや、逆に発注者が専門家ではないがゆえに受注者の手抜き工事を見抜けないことなど紛争の要因を作ることにもなりかねません。紛争を防止するためには、何よりも発注者、受注者相互理解のもとに工事が進められることが重要ですが、完了確認は合意資料（打合せ内容・依頼事項書、リフォーム工事仕上表、工事費内訳書、使用する製品の品番、型番が特定された製品カタログ等）に基づいて行われますので、工事内容は合意資料として明確にしておく必要があります。

第12条　完了手続き、支払

（1）　発注者、受注者間で工事が合意資料のとおりに完了したことが確認された場合、受注者は、工事完了確認書２通を作成の上、発注者に提出し、発注者は確認日を記入し、記名、押印の上、１部を受注者に交付する。

（2）　前項の書類取り交わしと併せ、受注者は、速やかに引渡書類（取扱い説明書、保証書等）を引渡し、発注者は、契約書記載の期日までに工事請負代金の支払を完了する。

（3）　受注者は、本契約に定めるところにより、工事の完成前に部分払いを請求することができる。

【趣旨】

本条は、前条に基づき工事の完了確認が終了した際の事務手続き、及び請負代金の支払いについて定めた条項です。

【解説】

（1）前条に基づき、発注者が本件リフォーム工事の完了を確認した段階で受注者はあらかじめ用意した工事完了確認書２部を発注者に提出し、発注者は工事完了を確認した証しとして日付を記入し、記（署）名、押印し、その１部を受注者に交付します。

　リフォーム工事では、新築工事のように建築物の引渡しや登記手続がないので工事完了日の認識にずれが生じるおそれがありますが、工事完了確認書の取り交わしにより工事完了日が明確に記録されることになります。なお、第15条（瑕疵の担保）（２）で定める瑕疵担保期間の起算日は、本条で規定する工事完了確認書の完了確認日としています。

（2）本項では、発注者、受注者間の工事完了確認書の取り交わし義務の他に、受注者の本件リフォーム工事にかかる必要書類の発注者への引渡し義務を付しています。受注者が引渡すべき必要書類は、リフォーム工事毎に異なりますが、受注者は、機器の取扱い説明書や、メーカー保証書、その他本件リフォーム工事に関連し発注者にとって、必要となる書類を速やかに引渡す義務を負います。

（3）工事請負代金の支払いは、原則工事完了と同時履行の関係となりますが、受注者は、本契約で定めた支払条件に従い工事完了前に部分払いを請求できる旨定めています。

第13条　工事の変更、工期の変更、工事請負代金額の変更

（1）　発注者は、必要によって、工事の内容を追加又は変更することができる。

（2）　発注者は、必要によって、受注者に工期の変更の協議を求めることができる。

（3）　受注者は、工事の内容の追加、又は変更、不可抗力、その他正当な理由があるときは、発注者に対してその理由を明示して必要と認められる工期の延長を請求することができる。

（4）　本条（1）ないし（3）により工事の内容の追加又は変更もしくは工期の変更があったとき、又は契約期間内に経済事情の激変などによって工事請負代金額が明らかに適当でないと認められるときは、発注者又は受注者は、相手方に対して、その理由を明示して必要と認められる工事請負代金額の変更を求めることができる。

【趣旨】

契約は一旦成立すれば、その内容どおり実現する必要があり、内容の変更は原則として認められません。しかし、発注者の意図するところが変わった場合、発注者の意図にそぐわない工事を進める意味はありませんので、受注者からの工期変更、請負代金額の変更請求権を認めたうえで、発注者は、受注者に対し工事の内容の追加、変更、工期の変更を求めることができることを定めた条項です。

【解説】

（1）発注者は、請負契約成立後でも必要があれば、受注者に対して工事の内容を追加し変更を求めることができます。

（2）発注者は、発注者の都合上必要があれば受注者に工期変更の協議を求めることができます。

（3）受注者は、（1）の規定に基づき工事の内容が追加又は変更された場合、第10条に定める不可抗力等を理由として工程どおりに工事を進捗することができない場合、その他受注者が工事を工期内に完了できない正当な理由がある場合には、発注者に対して工期の延長を請求することができます。

（4）発注者及び受注者は、（1）（2）（3）の事由の他に、経済事象の激変等を要因として取り決めた請負代金額が明らかに適当でないと認められる場合（当初契約内容からの工事の増加、減少等）、相互に工事請負代金額の変更を請求できます。

第14条　履行遅滞
（1）　受注者の責めに帰すべき事由により、工期内に工事を完了することができないときは、契約書に別段の定めのない限り、発注者は、受注者に対し、遅滞日数に応じて、工事請負代金額に対し年10パーセントの割合で計算した額の違約金を請求することができる。
（2）　発注者が、工事請負代金の支払を完了しないとき、又は前払もしくは部分払を遅滞しているときは、受注者は、発注者に対し、遅滞日数に応じて、支払遅滞額に対し年10パーセントの割合で計算した額の違約金を請求することができる。

【趣旨】

本条は、受注者が契約期間内に工事を完了することができない場合の違約金及び発注者が契約で定められた期日に支払いを遅滞した場合の違約金を定めた条項です。

【解説】

（1）受注者が自らの責めに帰すべき事由により工期内に工事を完了することができないときの、受注者に課された違約金の定めです。責めに帰すべき事由とは、受注者に債務不履行の責任を問うことができる事由ですが、この場合に発注者は受注者に対して、遅滞日数に応じて、工事請負代金額に対し、年10％の割合で計算した額の違約金を請求することができます。

（2）受注者が発注者に請求することができる違約金の定めです。リフォーム工事請負契約書に定めた支払条件から発注者が違約し支払いを遅延している場合には、受注者は、発注者に対し、遅滞日数に応じて、支払遅滞額に対し年10％の割合で計算した額の違約金を請求することができます。

例えば、500万円の工事請負契約を締結している場合、受注者が受注者の責めに帰すべき事由により工期内に工事を完了することができない場合、あるいは発注者が500万円の工事代金支払を遅延していると想定した場合の相手方が請求できる遅延日数１日当たりの違約金の計算方法は次のとおりとなります。

（5,000,000×0.1）×　1／365　≒　1,370円

なお、本条は、違約金の計算方法を定めた条項ですが、発注者や受注者の責めに帰すべき事由による場合に違約金を請求できるのであり、無条件に支払義務を定めた条項ではありません。

第15条　瑕疵の担保

（1）　契約の目的物に瑕疵があるときは、発注者は、受注者に対して、相当の期間を定めて、瑕疵の修補を求めること、又は修補に代えもしくは修補とともに損害の賠償を求めることができる。ただし、瑕疵が重要でなく、かつ、修補に過分の費用を要するときは、発注者は、修補を求めることができない。

（2）　瑕疵担保期間は、本契約に別段の定めがある場合を除き、工事完了日（第12条記載の工事完了確認書の完了確認日）から1年間とする。ただし、構造耐力上主要な部分の瑕疵（構造耐力に影響のないものを除く）については民法第638条第1項の定めによる。

（3）　受注者は、発見された瑕疵が次の各号の一に該当する場合は担保の責めを負わない。

a　発注者の指示、支給材料等発注者の責めに帰すべき事由による場合。ただし、受注者が発注者の指図、支給材料等の不適当なことを知りながらこれを告げなかったときはこの限りでない。

b　本件リフォーム工事範囲に属さない既存部分の劣化等に起因する場合。

【趣旨】

本条は、契約の目的物に瑕疵がある場合の受注者の担保責任について定めた条項です。

【解説】

瑕疵とは、契約の内容となっている仕事の結果に欠点・欠陥がある状態を表します。具体的には、約款第11条に基づき発注者が完了確認し、合意資料のとおりに完了していないことが確認できる場合には、受注者にその修補や改造を求めることになります。このような場合に備えて契約上の瑕疵担保期間を定めて、瑕疵担保期間に瑕疵が発見された場合には、受注者は無償で修補する義務を負います。

（1）発注者が有する瑕疵修補請求権、瑕疵修補に代えて又は修補とともにする損害賠償請求について定めています。

（2）瑕疵担保期間の規定です。約款第15条の規定により、工事完了日（第12条記載の工事完了確認書の完了確認日）より1年間となります。ただし、構造耐力上主要な部分の瑕疵（構造耐力に影響のないものを除く）については、工事完了の日から、民法第638条第1項に定める構造の種類に応じた期間としています。

民法638条第1項の規定は、土地の工作物について瑕疵がある場合の瑕疵担保責任の存続期間は原則5年と規定していますが、石造、土造、れんが造、コンクリート造、金属造その他これらに類する構造の工作物については10年と定めています。つまり構造耐力に影響を及ぼす瑕疵については、受注者は、5年間又は10年間瑕疵担保責任を負うことになります。

（3）受注者が負う瑕疵担保責任の免責事項を定めています。

　aは、瑕疵の原因が、発注者の指示、支給材料等発注者の責めに帰すべき事由により発生していることが明らかな場合は、受注者は責任を負いません。

　bは、リフォーム工事範囲外に原因がある瑕疵について受注者は担保責任を負いません。

　リフォーム工事は、新築工事と異なり、既存の建築物に手を入れる工事ですので、リフォーム工事範囲と既存部分の取り合い部分の線引きの難しさに特色があります。本条（2）項ただし書きで「構造耐力上主要な部分の瑕疵」の場合の瑕疵担保期間を定めていますが、本契約書類の使用を想定しているリフォーム工事では、構造耐力上主要な部分を改造するような工事は想定しておらず、ケースとして考えられるのは、仕上材を撤去したところ構造耐力上主要な部分である柱やはり、壁等が想定以上に劣化しており工事内容を変更して、当該箇所の補修工事を実施した結果、瑕疵を生じさせてしまった場合等です。

　なお、構造耐力上主要な部分とは、基礎、基礎ぐい、壁、柱、小屋組、土台、斜材、床版、屋根版又は横架材で、建築物の自重若しくは積載荷重、積雪荷重、風圧、土圧若しくは水圧又は地震その他の震動若しくは衝撃を支えるものと定義されています（建築基準法施行令第1条3項)。

　また、本条（3）項bについては、当然の規定ですが、上述のとおり、リフォーム工事は、リフォーム工事範囲と既存部分の取り合い部分の線引きの難しさに特色があります。第8条（施工条件の変更）では、受注者が善良な管理者としての注意を払っても発見できない事由によって工事着手後に、合意資料のとおりに施工することができない場合は、発注者に通知し、契約条件の変更を協議して定める規定となっています。

【関連条文】

・民法第634条（請負人の担保責任）
・民法第636条（請負人の担保責任に関する規定の不適用）
・民法第637条（請負人の担保責任の存続期間）
・民法第638条〔請負人の担保期間の存続期間（土地の工作物)〕

第16条　発注者の解除権

（1）　発注者は、必要によって、書面をもって受注者に通知して本契約を解除することができる。この場合、発注者は、これによって生じる受注者の損害を賠償する。

（2）　次の各号の一にあたるときは、発注者は、書面をもって受注者に通知して本契約を解除することができる。この場合、発注者は、受注者に損害の賠償を請求することができる。

a　正当な理由なく工期内に、受注者が工事を完了する見込みがないと認められるとき。

b　受注者が本契約に違反し、その違反によって契約の目的を達することができないと認められるとき。

c　受注者が支払を停止する（資金不足による手形、小切手の不渡りを出すなど）などにより、受注者が工事を続行することができないおそれがあると認められるとき。

d　受注者が以下の一にあたるとき。

イ．役員等（受注者が個人である場合にはその者を、受注者が法人である場合にはその役員、又はその支店もしくは常時建設工事の請負契約を締結する事務所の代表者をいう。以下この号において同じ。）が暴力団員による不当な行為の防止等に関する法律第２条第６号に規定する暴力団員（以下この号において「暴力団員」という。）であると認められるとき。

ロ．暴力団（暴力団員による不当な行為の防止等に関する法律第２条第２号に規定する暴力団をいう。以下この号において同じ。）又は暴力団員が経営に実質的に関与していると認められるとき。

ハ．役員等が暴力団、又は暴力団員と社会的に非難されるべき関係を有していると認められるとき。

【趣旨】

本条は、発注者が有する契約解除権を定めた条項です。

【解説】

（1）民法第641条に基づく規定であり、発注者に任意の解除権を認めています。ただし、本項は発注者の事情による解除となりますので、解除に伴い発生する受注者の損害は発注者が賠償しなければなりません。

（2）受注者が、債務不履行事由（ａ～ｄ）に該当した場合に、発注者は、書面をもって通知し契約を解除することができます。解除により発注者に損害が生じた場合には、損害の賠償を受注者に求めることができます。

ｄは、暴力団排除条項であり、受注者が暴力団である場合や暴力団が関与していることが認められる場合、発注者は当然に契約解除することになります。

【関連条文】

・民法第641条（注文者による契約の解除）

・都道府県暴力団排除条例

第17条　受注者の解除権

（1）次の各号の一にあたるとき、受注者は、書面をもって発注者に通知して本契約を解除することができる。

a　発注者が本契約に定めた支払い条件を遵守せず、受注者の相当期間を定めた催告にもかかわらず支払をしないとき。

b　不可抗力などのために受注者が施工できないとき。

c　本項a、bのほか、発注者の責めに帰すべき事由により工事が著しく遅延したとき。

d　発注者がこの契約に違反し、その違反によって契約の履行ができなくなったと認められるとき。

e　発注者が以下の一にあたるとき。

イ．役員等（発注者が個人である場合にはその者を、発注者が法人である場合にはその役員又はその支店もしくは営業所等の代表者をいう。以下この号において同じ。）が暴力団員による不当な行為の防止等に関する法律第2条第6号に規定する暴力団員（以下この号において「暴力団員」という。）であると認められるとき。

ロ．暴力団（暴力団員による不当な行為の防止等に関する法律第2条第2号に規定する暴力団をいう。以下この号において同じ。）又は暴力団員が経営に実質的に関与していると認められるとき。

ハ．役員等が暴力団又は暴力団員と社会的に非難されるべき関係を有していると認められるとき。

（2）発注者が請負代金の支払能力を欠くと認められるときは、受注者は、書面をもって発注者に通知して本契約を解除することができる。

（3）本条（1）の場合（ただし、b号の場合を除く）、受注者は、発注者に損害の賠償を請求することができる。

【趣旨】

本条は、発注者が有する契約解除権を定めた条項です。

【解説】

（1）発注者が、債務不履行事由（a～e）に該当した場合に、受注者は、書面をもって通知し契約を解除できる旨規定しています。

bの不可抗力とは、第10条（2）項に定義していますが、地震、台風等の自然災害、隣地火災の延焼等により、物理的に施工の継続が困難な状態を指します。

eは、暴力団排除条項であり、発注者が暴力団である場合や暴力団が関与していることが認められる場合、発注者は当然に契約解除できることになります。

（2）発注者が請負代金の支払能力を欠くと認められるときに、受注者から通知し本契約を解除できる旨規定しています。

（3）は、（1）による解除の場合、（2）ｂの不可抗力の場合を除き、発注者の責めに帰すべき事由によるものであることから、受注者は発注者に対して契約解除に起因し発生した損害の賠償を請求できる旨規定しています。

【関連条文】

・都道府県暴力団排除条例

第18条　紛争の解決

本契約について、発注者受注間に紛争が生じたときは、本件リフォーム工事の所在地の裁判所を第一審管轄裁判所とし、又は裁判外の紛争処理機関によって、その解決を図るものとする。

【趣旨】

本条は、本契約について発注者、受注者間に紛争が生じた場合の解決方法を定めた条項です。

【解説】

本条は、リフォーム工事の施工を含み、本契約の履行に関し、発注者と受注者との間に紛争が生じた場合、第一次的にはリフォーム工事を行った住所地を管轄する裁判所に第一審の裁判の提起又は民事調停の申立てを行い、紛争を解決していくことを両当事者間の合意で定めたものです（いわゆる「合意管轄」）。

ただし、両当事者の合意により、全国の弁護士会が設置している紛争解決センター（ADR）のような裁判外の紛争処理機関あるいは受注者が建設業の許可を受けている場合は、建設業法に基づいて設置されている建設工事紛争審査会において、あっせん、仲裁などの方法によって解決を図ることもできます。

第19条　補　則
本契約に定めのない事項については、必要に応じて発注者及び受注者が協議して定める。

【趣旨】

「本契約」とは、リフォーム工事請負契約書のほか、本約款第１条（3）においていう、受注者が作成した資料のうち、発注者が書面で承諾したもの（これを「合意資料」と定義しています。）をいい、発注者と受注者の合意によって変更した場合の変更内容を含むものです。

「合意資料」とは、工事請負契約書「6.」において特定することになる、打合せ内容・依頼事項書、リフォーム工事仕上表、工事費内訳書、品番・型番が特定されたカタログ等を指します。

本条は、上に列記した本契約を構成する諸書類において、定めのない事項については、必要に応じて発注者及び受注者二者間の協議によって定めることを規定しています。

【解説】

この契約の履行にあたって、この約款及び合意資料に定めた事項以外のことで、当初から予測・特定できる事項については補則の条項として、契約の際に条文として加筆（又は特約条項と）しておくことが望ましいことです。

しかし、当初に予測・予知することのできない事態が生じることは多々あることであり、そのような場合に定めのない事項について、両当事者の意見が対立してしまうようでは、工事の円滑かつ適正な施工が妨げられることになります。

そこで、両当事者が十分協議し決定し、問題の解決に当たるべきこととしたのが本条です。

なお、本条に基づき、発注者・受注者が協議して契約の内容を定めるとしても、建設業法、建築士法、建築基準法等の法令に違反する合意ができないことはもとより、公序良俗に反する事項を契約内容とする合意もできないことは当然のことです。

■ 資料（特定商取引に関する法律の適用を受ける場合のクーリングオフについての説明書）

（特定商取引に関する法律の適用を受ける場合のクーリングオフについての説明書）

本件リフォーム工事が「特定商取引に関する法律」（以下「特定商取引法」という。）の適用を受ける場合には、この説明書・工事請負契約約款を充分お読み下さい。

1．クーリングオフを行おうとする場合
この書面を受領した日から起算して８日以内は、お客様（発注者）は文書をもって本契約の解除（クーリングオフ）ができ、その効力は解除する旨の文書を発したときに生ずるものとします。ただし、次のような場合等にはクーリングオフの権利行使はできません。
（ア）お客様（発注者）がリフォーム工事建物等を営業用に利用する場合や、お客様（発注者）からのご請求によりご自宅でのお申し込み又はご契約を行った場合等
（イ）壁紙、不織布など特定商取引法施行令第６条の４で定める商品を使用した場合、又は3000円未満の現金取引の場合

2．上記期間内にクーリングオフがあった場合
① 請負者（受注者）はクーリングオフに伴う損害賠償又は違約金の支払を請求することはできません。
② クーリングオフがあった場合に、既に本契約に関連し、商品の引渡しが行われているときは、その引取りに要する費用は請負者（受注者）の負担とします。
③ クーリングオフの際に、請負者（受注者）において既に受領した金員がある場合は、請負者（受注者）は、速やかにその全額を無利息にてお客様（発注者）に返還いたします。
④ 本件リフォーム工事に伴い、土地又は建物その他の工作物の現状が変更された場合には、お客様（発注者）は、無料で元の状態にもどすよう請求することができます。
⑤ すでに本件リフォーム工事がなされたときにおいても、請負者（受注者）は、お客様（発注者）に対し、工事請負代金その他の金銭の支払いを請求することはできません。

3．上記クーリングオフの行使を妨げるために請負者（受注者）が不実のことを告げたことによりお客様（発注者）が誤認し、又は威迫したことにより困惑してクーリングオフを行わなかった場合は、請負者（受注者）から、クーリングオフ妨害の解消のための書面が交付され、その内容について説明を受けた日から８日を経過するまでは書面によりクーリングオフすることができます。

【趣旨】

特定商取引に関する法律の適用を受ける場合のクーリングオフについての説明書です。

【解説】

（1）特定商取引に関する法律（以下「特定商取引法」という。）の適用を受ける場合の受注者の義務

- 役務提供事業者（※1）が、特定商取引法の適用を受ける訪問販売（※2）により役務提供契約（※3）を締結しようとする場合には、役務提供契約の内容を明らかにする書面（※4）を役務の提供を受ける者（発注者）に交付しなければならず（特定商取法第5条第1項）、交付すべき書面（リフォーム工事請負契約書）には、書面の内容を十分に読むべき旨を赤枠の中に赤字で記載しなければならないことになっています（特定商取引法施行規則第6条第6項）。

［用語解説］

（※1）役務提供事業者とは、特定商取引法第2条にて“販売業者又は役務の提供の事業を営む者を役務提供事業者”と規定しています。リフォーム工事に置き換えると、受注者となる建設業者（リフォーム工事業者）となります。

（※2）訪問販売とは、特定商取引法第2条にて“役務提供事業者が、営業所以外の場所において、役務提供契約の申し込みを受け、若しくは役務提供契約を締結して行う役務の提供”と規定しています。（役務提供事業者が、営業所で同申込みを受け、営業所以外の場所で役務の提供を受ける者と役務提供契約を締結する場合は除きます。）

（※3）役務提供契約とは、同法第2条にて“指定権利の販売又は役務を有償で提供する契約”と規定しています。リフォーム工事に置き換えると、リフォーム工事請負契約となります。

（※4）役務提供契約の内容を明らかにする書面とは、この約款を含むリフォーム工事請負契約書となります。

- この約款に用意した「特定商取引に関する法律の適用を受ける場合のクーリングオフについての説明書」は、特定商取引法第5条第1項の規定により交付すべき書面に記載しなくてはならない内容であり、赤枠の中に赤字で記載しなければならないことを含め、特定商取引に関する法律施行規則第6条に規定された内容です。

（2）特定商取引法の適用を受ける場合の発注者の権利（特定商取引法第9条）

- 発注者の権利については、この“特定商取引に関する法律の適用を受ける場合の

クーリングオフについての説明書” に記載された権利を有しています。要点は以下のとおりです。

- 役務提供事業者が、営業所以外の場所において役務提供契約の申込みを受けた場合におけるその申込みをした者（発注者）又は役務提供契約を締結した場合における役務の提供を受ける者（発注者）は、前述の役務提供契約の内容を明らかにする書面（リフォーム工事請負契約書）を受領した日から起算して８日以内は、書面（特定記録郵便、書留、内容証明郵便等）により役務提供契約の申込みの撤回又は解除（クーリングオフ）を行うことができます。
- 役務提供事業者が、前項クーリングオフに関する事項について不実のこと告げたことにより、申込みをした者（発注者）が誤認をして、又は役務提供事業者が威迫したことにより困惑してクーリングオフを行わなかった場合は、申込みをした者（発注者）が役務提供事業者から役務提供契約の申込みの撤回を行うことができる旨を記載して交付した書面を受領した日から起算して８日以内は、役務提供契約の申込みの撤回又は解除（クーリングオフ）を行うことができます。
- クーリングオフがなされた場合において、役務の提供（リフォーム工事の実施）により、申込みをした者（発注者）の土地又は建物その他の工作物の現状が変更されたときは、役務提供事業者に対し、その原状回復に必要な措置を無償で講ずることを請求することができます。

（3）クーリングオフの権利行使ができない場合（特定商取引法第26条第５項）

- その住居において役務提供契約の申込みをし、又は役務提供契約の締結をすることを請求した者に対する訪問販売。このような発注者が、契約の意思を持って受注者を家に呼んで契約を行った場合には適用除外であると考えられています。

クーリングオフは、訪問販売により事業者の営業所以外の場所でリフォーム工事契約を締結した場合の発注者（消費者）が契約の申し込みの撤回又は解除ができる制度です。その有効期間は発注者が特定商取引法第５条の書面を受領した日から８日以内に行使できることになっています。契約締結時にこの約款の各条項とともにこの説明書の内容についてしっかり説明し相互に理解したうえで工事に着手することが非常に重要です。

書式の記載例

1　リフォーム工事請負契約書

記載例

印紙

リフォーム工事請負契約書

発注者　甲野太郎　と
受託者　株式会社ＡＢＣ工務店　代表取締役　乙川二郎　とは、
（工事名）　甲野邸リフォーム　工事の施工について、
次の条項とリフォーム工事請負契約約款、下記合意資料に基づいて、工事請負契約を締結する。

1．工事場所　東京都練馬区桜台○丁目○番地○号

2．工期　着手　2014 年　4 月　15 日　　完了　2014 年　6 月　15 日

3．工事概要　内部：居室内装工事
トイレ改修工事
キッチン改修工事
外部：外壁・屋根塗り替え工事

4．工事請負代金　金　5,184,000 円　うち　工事価格　金　4,800,000 円
取引に係る消費税及び地方消費税の額　金　384,000 円
（注）請負代金額は、工事価格に、取引に係る消費税及び地方消費税の額を加えた額。

5．工事請負代金の支払い（該当部分の□に✓マークを付し、予定期日、支払い金額を記入）

☑契約時　（　2014 年　4 月　15 日）　金　108,000 円（税込）
☑中間時　（　2014 年　5 月　15 日）　金　2,484,000 円（税込）
□完了時　（　年　月　日）　金　円（税込）
☑完了後　工事完了確認後　7 日以内　金　2,592,000 円（税込）

6．合意資料（該当部分の□に✓マークを付し、下記以外の場合は、資料名を記入）

☑　打合せ内容・依頼事項書（スケッチを含む）	☑　リフォーム工事　仕上表
☑　工事費内訳書	☑　使用する品番、型番が特定された製品カタログ等
□	□

7－1．発注者側の事前調査の有無

☑あり　□なし

7－2．発注者側の事前調査の概要（事前調査ありの場合）

耐震診断を○年○月○日に発注者が実施済み。
外部排水系統については、○年○月頃、一部改修を発注者が実施、
現状排水については不具合無し。

8．特記事項

既存壁紙の貼り替え部分に関しては、下地は再利用とし、
軸組み（プラスターボードの下地）の腐食状況等の確認は行わない。

本契約の証として本書2通作成し、発注者、受注者が記名、押印のうえ、発注者及び受注者が各1通を保有する。

2014 年　4 月　1 日

（発注者）　甲野太郎
東京都練馬区桜台○丁目○番地○号

（受注者）　株式会社ＡＢＣ工務店
代表取締役　乙川二郎
東京都杉並区荻窪○丁目○番地○号

（民間(旧四会)連合協定用紙）

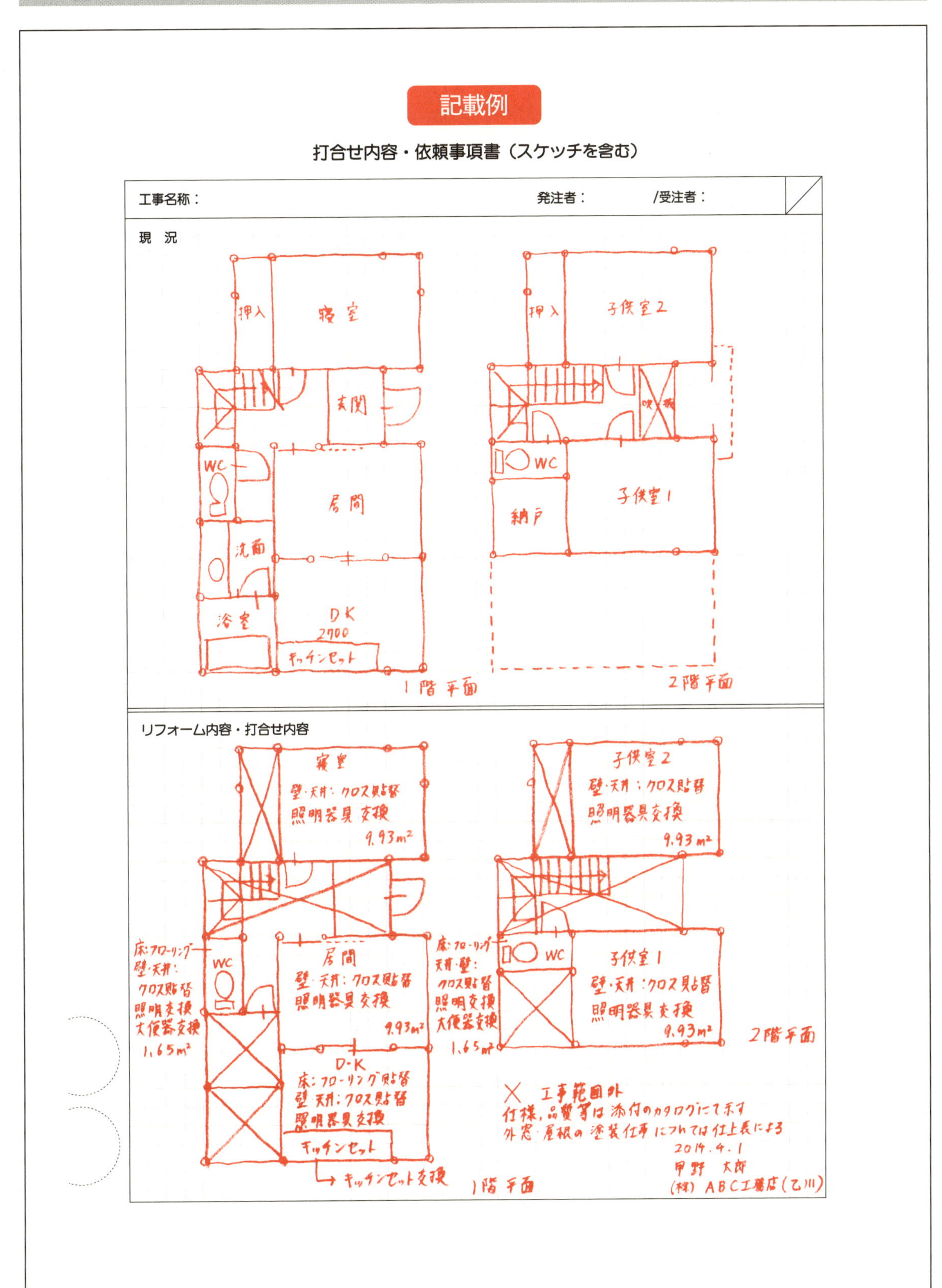

記載例

打合せ内容・依頼事項書（スケッチを含む）

工事名称：　　　　発注者：　　　　/受注者：

現況

リフォーム内容・打合せ内容

3 リフォーム工事 仕上表

記載例

リフォーム工事 仕上表

工事名称	甲野邸リフォーム工事	記入日	2014年4月1日
		記入者	乙川二郎

1．内部仕上表

室名		床		幅木	壁		廻縁	天井		備考
		下地	仕上		下地	仕上		下地	仕上	
居間	現況	合板12㎜	フローリング12㎜	木製	PB	ビニルクロス	木製	PB	ビニルクロス	
	リフォーム内容	既存のまま	既存のまま	既存のまま	既存利用	ビニルクロス	既存に塗装	既存利用	ビニルクロス（普及品）	照明器具交換 カタログ参照
寝室	現況	合板12㎜	フローリング12㎜	木製	PB	ビニルクロス	木製	PB	ビニルクロス	
	リフォーム内容	既存のまま	既存のまま	既存のまま	既存利用	ビニルクロス	既存に塗装	既存利用	ビニルクロス（普及品）	照明器具交換 カタログ参照
子供室1	現況	合板12㎜	フローリング12㎜	木製	PB	ビニルクロス	木製	PB	ビニルクロス	
	リフォーム内容	既存のまま	既存のまま	既存のまま	既存利用	ビニルクロス	既存に塗装	既存利用	ビニルクロス（普及品）	照明器具交換 カタログ参照
子供室2	現況	合板12㎜	フローリング12㎜	木製	PB	ビニルクロス	木製	PB	ビニルクロス	
	リフォーム内容	既存のまま	既存のまま	既存のまま	既存利用	ビニルクロス	既存に塗装	既存利用	ビニルクロス（普及品）	照明器具交換 カタログ参照
トイレ 1・2階	現況	合板12㎜	長尺 塩ビシート	木製	PB	ビニルクロス	木製	PB	ビニルクロス	
	リフォーム内容	既存のまま	水廻用 フローリング	木製	既存利用	ビニルクロス	塩ビ	既存利用	ビニルクロス（普及品）	照明器具交換・衛生器具 カタログ参照
キッチン	現況	合板12㎜	長尺 塩ビシート	木製	PB	ビニルクロス	木製	PB	ビニルクロス	
	リフォーム内容	既存のまま	水廻用 フローリング	木製	既存利用	ビニルクロス	塩ビ	既存利用	ビニルクロス（普及品）	照明器具交換・キッチンセット カタログ参照
	現況									
	リフォーム内容									

2．外部仕上表

部位		下地	仕上
屋根	現況	野字板	カラー鉄板
	リフォーム内容	野字板更新	ガルバリウム鋼板縦ハゼ葺
外壁	現況	モルタル	リシン吹付
	リフォーム内容	既存利用 （クラック補修共）	高圧洗浄の上、 シリコン系トップコート吹き
開口部	現況		
	リフォーム内容		サッシ廻り シーリング更新
軒天	現況		
	リフォーム内容		
	現況		
	リフォーム内容		
	現況		
	リフォーム内容		
	現況		
	リフォーム内容		
	現況		
	リフォーム内容		
備考			

3．設備リフォーム内容

部位		内容
給水	現況	塩ビ管
	リフォーム内容	既存利用
排水	現況	塩ビ管
	リフォーム内容	既存利用
電気	現況	不明（未調査）
	リフォーム内容	器具交換（内部仕上表・カタログ参照）
ガス	現況	不明（未調査）
	リフォーム内容	配管既存利用
	現況	
	リフォーム内容	
	現況	
	リフォーム内容	
備考	キッチンセット交換（○○社製：型番はカタログ参照） 大便器交換（○○社製：型番はカタログ参照）	

4．その他

外構　門扉：現状スチール→アルミ製（○○）に交換
　　　ウッドデッキ（1800×3600×H500）新設

4　工事変更合意書

記載例

印紙

第＿＿回工事変更合意書

発注者　甲野太郎　と
受注者　株式会社ＡＢＣ工務店　代表取締役　乙川二郎　とは
発注者、受注者間で締結した　2014　年　4　月　1　日付の
（工事名）　甲野邸リフォーム　工事請負契約書
（以下「原契約書」という。）に関し、下記事項（該当する変更項目は、各項の口に✓マークが付された項目とする。）の変更を確認し、合意したので本合意書を締結する。

1.　☐　原契約書第２項の工期を次のとおり変更する。

原契約	年　月　日～　年　月　日
変更後	年　月　日～　年　月　日

2.　☑　原契約書第４項の工事請負代金を次のとおり変更する。

（1）　変更金額

原契約請負代金額	5,184,000円（税込）
今回変更金額	216,000円（税込）
変更後請負代金額	5,400,000円（税込）

（2）　今回変更項目

No	変更項目
1	キッチンセットのグレード変更　○○社製ＢグレードをＡグレードとする。

3.　変更後の工事請負代金の支払い方法は、次のとおりとする。

最終支払い時に変更金額（追加分）を加算して支払う。

4. 合意資料

☑　見積書（　年　月　日）	☐　打合せ内容・依頼事項書（スケッチを含む）
☐　リフォーム工事仕上表（変更部）	☑　使用する品番、型番が特定された製品カタログ等
☐	☐

5. 本合意書により変更が確認された事項以外は、すべて原契約の定めに拠るものとする。

以上、本合意書成立の証として本書２通を作成し、発注者、受注者が記名押印の上、発注者及び受注者が各１通を保有する。

2014 年　5　月　1　日

（発注者）　甲野太郎
東京都練馬区桜台○丁目○番地○号

（受注者）　株式会社ＡＢＣ工務店
代表取締役　乙川二郎
東京都杉並区荻窪○丁目○番地○号

（民間(旧四会)連合協定用紙）

5　工事完了確認書

記載例

2014年　6　月　15　日

（発注者）
［住所］　東京都練馬区桜台〇丁目〇番地〇号

［氏名］　甲野　太郎　　　　殿

（受注者）
［住　所］　東京都杉並区荻窪〇丁目〇番地〇号
［会社名］　株式会社ＡＢＣ工務店
［代表者］　代表取締役　乙川二郎　㊞

工事完了確認書

貴社（貴殿）と締結いたしました以下の契約に基づく工事がすべて完了致しましたのでご確認をお願い申し上げます。

1．工事内容

#	種　別	契 約 名 称	締 結 日
1	原契約	甲野邸リフォーム工事	2014年　4　月　1　日
2	追加	甲野邸リフォーム追加工事	2014年　5　月　1　日

2．工　　期　　2014年　4　月　15　日　～　2014年　6　月　15　日

2014年　6　月　16　日

（受注者）
［住　所］　東京都杉並区荻窪〇丁目〇番地〇号
［会社名］　株式会社ＡＢＣ工務店
［代表者］　代表取締役　乙川二郎　　　　殿

（発注者）
［住所］　東京都練馬区桜台〇丁目〇番地〇号

［氏名］　甲野　太郎　　㊞

本日、上記契約に基づく工事がすべて完了したことを確認致しました。

以　上

（民間（旧四会）連合協定用紙）

参考資料 編

1　関係法令　条文（抄）

- ○ 建設業法（抄）
- ○ 建設業法施行令（抄）
- ○ 建築士法（抄）
- ○ 建築基準法（抄）
- ○ 住宅の品質確保の促進等に関する法律（抄）
- ○ 住宅の品質確保の促進等に関する法律施行令（抄）
- ○ 特定住宅瑕疵担保責任の履行の確保等に関する法律（抄）
- ○ 建設工事に係る資材の再資源化等に関する法律（抄）
- ○ 仲裁法（抄）
- ○ 民法（抄）

2　全国の建設工事紛争審査会事務局連絡先

3　民間（旧四会）連合協定 工事請負契約約款委員会構成七団体及び各種工事請負契約約款販売所

1　関係法令　条文（抄）

建設業法（抄）

（許可の基準）

第８条　国土交通大臣又は都道府県知事は、許可を受けようとする者が次の各号のいずれか（許可の更新を受けようとする者にあつては、第一号又は第七号から第十三号までのいずれか）に該当するとき、又は許可申請書若しくはその添付書類中に重要な事項について虚偽の記載があり、若しくは重要な事実の記載が欠けているときは、許可をしてはならない。

一～七（省略）

八　この法律、建設工事の施工若しくは建設工事に従事する労働者の使用に関する法令の規定で政令で定めるもの若しくは暴力団員による不当な行為の防止等に関する法律（平成３年法律第77号）の規定（同法第32条の３第７項及び第32条の11第１項の規定を除く。）に違反したことにより、又は刑法（明治40年法律第45号）第204条、第206条、第208条、第208条の２、第222条若しくは第247条の罪若しくは暴力行為等処罰に関する法律（大正15年法律第60号）の罪を犯したことにより、罰金の刑に処せられ、その刑の執行を終わり、又はその刑の執行を受けることがなくなつた日から五年を経過しない者

九　暴力団員による不当な行為の防止等に関する法律第２条第六号に規定する暴力団員又は同号に規定する暴力団員でなくなつた日から五年を経過しない者（第十三号において「暴力団員等」という。）

（建設工事の請負契約の原則）

第18条　建設工事の請負契約の当事者は、各々の対等な立場における合意に基いて公正な契約を締結し、信義に従つて誠実にこれを履行しなければならない。

（建設工事の請負契約の内容）

第19条　建設工事の請負契約の当事者は、前条の趣旨に従つて、契約の締結に際して次に掲げる事項を書面に記載し、署名又は記名押印をして相互に交付しなければならない。

一　工事内容

二　請負代金の額

三　工事着手の時期及び工事完成の時期

四　請負代金の全部又は一部の前金払又は出来形部分に対する支払いの定めをするときは、その支払いの時期及び方法

五　当事者の一方から設計変更又は工事着手の延期若しくは工事の全部若しくは一部の中止の申出があつた場合における工期の変更、請負代金の額の変更又は損害の負担及びそれらの額の算定方法に関する定め

六　天災その他不可抗力による工期の変更又は損害の負担及びその額の算定方法に関する定め

七　価格等（物価統制令（昭和21年勅令第108号）第２条に規定する価格等をいう。）の変動若しくは変更に基づく請負代金の額又は工事内容の変更

八　工事の施工により第三者が損害を受けた場合における賠償金の負担に関する定め

九　注文者が工事に使用する資材を提供し、又は建設機械その他の機械を貸与するときは、その内容及び方法に関する定め

十　注文者が工事の全部又は一部の完成を確認するための検査の時期及び方法並びに引渡しの時期

十一　工事完成後における請負代金の支払いの時期及び方法

十二　工事の目的物の瑕疵を担保すべき責任又は当該責任の履行に関して講ずべき保証保険契約の締結その他の措置に関する定めをするときは、その内容

十三　各当事者の履行の遅滞その他債務の不履行の場合における遅延利息、違約金その他の損害金

十四　契約に関する紛争の解決方法

2　請負契約の当事者は、請負契約の内容で前項に掲げる事項に該当するものを変更するときは、その変更の内容を書面に記載し、署名又は記名押印をして相互に交付しなければならない。

3　建設工事の請負契約の当事者は、前2項の規定による措置に代えて、政令で定めるところにより、当該契約の相手方の承諾を得て、電子情報処理組織を使用する方法その他の情報通信の技術を利用する方法であつて、当該各項の規定による措置に準ずるものとして国土交通省令で定めるものを講ずることができる。この場合において、当該国土交通省令で定める措置を講じた者は、当該各項の規定による措置を講じたものとみなす。

（現場代理人の選任等に関する通知）

第19条の2　請負人は、請負契約の履行に関し工事現場に現場代理人を置く場合においては、当該現場代理人の権限に関する事項及び当該現場代理人の行為についての注文者の請負人に対する意見の申出の方法（第3項において「現場代理人に関する事項」という。）を、書面により注文者に通知しなければならない。

2　注文者は、請負契約の履行に関し工事現場に監督員を置く場合においては、当該監督員の権限に関する事項及び当該監督員の行為についての請負人の注文者に対する意見の申出の方法（第四項において「監督員に関する事項」という。）を、書面により請負人に通知しなければならない。

（一括下請負の禁止）

第22条　建設業者は、その請け負つた建設工事を、いかなる方法をもつてするかを問わず、一括して他人に請け負わせてはならない。

2　建設業を営む者は、建設業者から当該建設業者の請け負つた建設工事を一括して請け負つてはならない。

3　前2項の建設工事が多数の者が利用する施設又は工作物に関する重要な建設工事で政令で定めるもの以外の建設工事である場合において、当該建設工事の元請負人があらかじめ発注者の書面による承諾を得たときは、これらの規定は、適用しない。

建設業法施行令（抄）

（一括下請負の禁止の対象となる多数の者が利用する施設又は工作物に関する重要な建設工事）

第6条の3　法第22条第3項の政令で定める重要な建設工事は、共同住宅を新築する建設工事とする。

（工事監理に関する報告）

第23条の２　請負人は、その請け負つた建設工事の施工について建築士法（昭和25年法律第202号）第18条第３項の規定により建築士から工事を設計図書のとおりに実施するよう求められた場合において、これに従わない理由があるときは、直ちに、第19条の２第２項の規定により通知された方法により、注文者に対して、その理由を報告しなければならない。

（請負契約とみなす場合）

第24条　委託その他いかなる名義をもつてするかを問わず、報酬を得て建設工事の完成を目的として締結する契約は、建設工事の請負契約とみなして、この法律の規定を適用する。

（建設工事紛争審査会の設置）

第25条　建設工事の請負契約に関する紛争の解決を図るため、建設工事紛争審査会を設置する。

２　建設工事紛争審査会（以下「審査会」という。）は、この法律の規定により、建設工事の請負契約に関する紛争（以下「紛争」という。）につきあつせん、調停及び仲裁（以下「紛争処理」という。）を行う権限を有する。

建築士法（抄）

（定義）

第２条

１～７　（省略）

８　この法律で「工事監理」とは、その者の責任において、工事を設計図書と照合し、それが設計図書のとおりに実施されているかいないかを確認することをいう。

（設計及び工事監理）

第18条　建築士は、設計を行う場合においては、設計に係る建築物が法令又は条例の定める建築物に関する基準に適合するようにしなければならない。

２　建築士は、設計を行う場合においては、設計の委託者に対し、設計の内容に関して適切な説明を行うように努めなければならない。

３　建築士は、工事監理を行う場合において、工事が設計図書のとおりに実施されていないと認めるときは、直ちに、工事施工者に対して、その旨を指摘し、当該工事を設計図書のとおりに実施するよう求め、当該工事施工者がこれに従わないときは、その旨を建築主に報告しなければならない。

（業務に必要な表示行為）

第20条

１～２　（省略）

３　建築士は、工事監理を終了したときは、直ちに、国土交通省令で定めるところにより、その結果を文書で建築主に報告しなければならない。

（設計受託契約等の原則）

第22条の３の２　設計又は工事監理の委託を受けることを内容とする契約（以下それぞれ「設計受託契約」又は「工事監理受託契約」という。）の当事者は、各々の対等な立場における合意に基づいて公正な契約を締結し、信義に従つて誠実にこれを履行しなければならない。

（延べ面積が300平方メートルを超える建築物に係る契約の内容）

第22条の３の３　延べ面積が300平方メートルを超える建築物の新築に係る設計受託契約又は工事監理受託契約の当事者は、前条の趣旨に従つて、契約の締結に際して次に掲げる事項を書面に記載し、署名又は記名押印をして相互に交付しなければならない。

一　設計受託契約にあつては、作成する設計図書の種類

二　工事監理受託契約にあつては、工事と設計図書との照合の方法及び工事監理の実施の状況に関する報告の方法

三　当該設計又は工事監理に従事することとなる建築士の氏名及びその者の一級建築士、二級建築士又は木造建築士の別並びにその者が構造設計一級建築士又は設備設計一級建築士である場合にあつては、その旨

四　報酬の額及び支払いの時期

五　契約の解除に関する事項

六　前各号に掲げるもののほか、国土交通省令で定める事項

（再委託の制限）

第24条の３　建築士事務所の開設者は、委託者の許諾を得た場合においても、委託を受けた設計又は工事監理の業務を建築士事務所の開設者以外の者に委託してはならない。

２　建築士事務所の開設者は、委託者の許諾を得た場合においても、委託を受けた設計又は工事監理（いずれも延べ面積が300平方メートルを超える建築物の新築工事に係るものに限る。）の業務を、それぞれ一括して他の建築士事務所の開設者に委託してはならない。

建築基準法（抄）

（建築物の設計及び工事監理）

第５条の６

１～３　（省略）

４　建築主は、第１項に規定する工事をする場合においては、それぞれ建築士法第３条第１項、第３条の２第１項若しくは第３条の３第１項に規定する建築士又は同法第３条の２第３項の規定に基づく条例に規定する建築士である工事監理者を定めなければならない。

住宅の品質確保の促進等に関する法律（抄）

（定義）

第２条　この法律において「住宅」とは、人の居住の用に供する家屋又は家屋の部分（人の居住の用

以外の用に供する家屋の部分との共用に供する部分を含む。）をいう。

2　この法律において「新築住宅」とは、新たに建設された住宅で、まだ人の居住の用に供したことのないもの（建設工事の完了の日から起算して一年を経過したものを除く。）をいう。

（住宅性能評価書等と契約内容）

第6条　住宅の建設工事の請負人は、設計された住宅に係る住宅性能評価書（以下「設計住宅性能評価書」という。）若しくはその写しを請負契約書に添付し、又は注文者に対し設計住宅性能評価書若しくはその写しを交付した場合においては、当該設計住宅性能評価書又はその写しに表示された性能を有する住宅の建設工事を行うことを契約したものとみなす。

2～3　（省略）

4　前3項の規定は、請負人又は売主が、請負契約書又は売買契約書において反対の意思を表示しているときは、適用しない。

第7章　瑕疵担保責任の特例

（住宅の新築工事の請負人の瑕疵担保責任の特例）

第94条　住宅を新築する建設工事の請負契約（以下「住宅新築請負契約」という。）においては、請負人は、注文者に引き渡した時から10年間、住宅のうち構造耐力上主要な部分又は雨水の浸入を防止する部分として政令で定めるもの（次条において「住宅の構造耐力上主要な部分等」という。）の瑕疵（構造耐力又は雨水の浸入に影響のないものを除く。次条において同じ。）について、民法（明治29年法律第89号）第634条第１項及び第２項前段に規定する担保の責任を負う。

2　前項の規定に反する特約で注文者に不利なものは、無効とする。

3　第一項の場合における民法第638条第２項の規定の適用については、同項 中「前項」とあるのは、「住宅の品質確保の促進等に関する法律第94条第１項」とする。

住宅の品質確保の促進等に関する法律施行令（抄）

（住宅の構造耐力上主要な部分等）

第5条　法第94条第１項の住宅のうち構造耐力上主要な部分として政令で定めるものは、住宅の基礎、基礎ぐい、壁、柱、小屋組、土台、斜材（筋かい、方づえ、火打材その他これらに類するものをいう。）、床版、屋根版又は横架材（はり、けたその他これらに類するものをいう。）で、当該住宅の自重若しくは積載荷重、積雪、風圧、土圧若しくは水圧又は地震その他の震動若しくは衝撃を支えるものとする。

2　法第94条第１項の住宅のうち雨水の浸入を防止する部分として政令で定めるものは、次に掲げるものとする。

一　住宅の屋根若しくは外壁又はこれらの開口部に設ける戸、わくその他の建具

二　雨水を排除するため住宅に設ける排水管のうち、当該住宅の屋根若しくは外壁の内部又は屋内にある部分

特定住宅瑕疵担保責任の履行の確保等に関する法律（抄）

（住宅建設瑕疵担保保証金の供託等）

第３条　建設業者は、各基準日（毎年３月31日及び９月30日をいう。以下同じ。）において、当該基準日前10年間に住宅を新築する建設工事の請負契約に基づき発注者に引き渡した新築住宅について、当該発注者に対する特定住宅建設瑕疵担保責任の履行を確保するため、住宅建設瑕疵担保保証金の供託をしていなければならない。

建設工事に係る資材の再資源化等に関する法律（抄）

（対象建設工事の請負契約に係る書面の記載事項）

第13条　対象建設工事の請負契約（当該対象建設工事の全部又は一部について下請契約が締結されている場合における各下請契約を含む。以下この条において同じ。）の当事者は、建設業法（昭和24年法律第100号）第19条第１項に定めるもののほか、分別解体等の方法、解体工事に要する費用その他の主務省令で定める事項を書面に記載し、署名又は記名押印をして相互に交付しなければならない。

仲裁法（抄）

（仲裁手続の開始及び時効の中断）

第29条　仲裁手続は、当事者間に別段の合意がない限り、特定の民事上の紛争について、一方の当事者が他方の当事者に対し、これを仲裁手続に付する旨の通知をした日に開始する。

２　仲裁手続における請求は、時効中断の効力を生ずる。ただし、当該仲裁手続が仲裁判断によらずに終了したときは、この限りでない。

仲裁法　附　則（抄）

（消費者と事業者との間に成立した仲裁合意に関する特例）

第３条

１　（省略）

２　消費者は、消費者仲裁合意を解除することができる。ただし、消費者が当該消費者仲裁合意に基づく仲裁手続の仲裁申立人となった場合は、この限りでない。

３～６　（省略）

７　消費者である当事者が第３項の口頭審理の期日に出頭しないときは、当該消費者である当事者は、消費者仲裁合意を解除したものとみなす。

民法（抄）

（公序良俗）

第90条　公の秩序又は善良の風俗に反する事項を目的とする法律行為は、無効とする。

（任意規定と異なる意思表示）

第91条　法律行為の当事者が法令中の公の秩序に関しない規定と異なる意思を表示したときは、その意思に従う。

（保証人の要件）

第450条　債務者が保証人を立てる義務を負う場合には、その保証人は、次に掲げる要件を具備する者でなければならない。

一　行為能力者であること。

二　弁済をする資力を有すること。

2　保証人が前項第二号に掲げる要件を欠くに至ったときは、債権者は、同項各号に掲げる要件を具備する者をもってこれに代えることを請求することができる。

3　前2項の規定は、債権者が保証人を指名した場合には、適用しない。

（催告の抗弁）

第452条　債権者が保証人に債務の履行を請求したときは、保証人は、まず主たる債務者に催告をすべき旨を請求することができる。ただし、主たる債務者が破産手続開始の決定を受けたとき、又はその行方が知れないときは、この限りでない。

（検索の抗弁）

第453条　債権者が前条の規定に従い主たる債務者に催告をした後であっても、保証人が主たる債務者に弁済をする資力があり、かつ、執行が容易であることを証明したときは、債権者は、まず主たる債務者の財産について執行をしなければならない。

（債権の譲渡性）

第466条　債権は、譲り渡すことができる。ただし、その性質がこれを許さないときは、この限りでない。

2　前項の規定は、当事者が反対の意思を表示した場合には、適用しない。ただし、その意思表示は、善意の第三者に対抗することができない。

（指名債権の譲渡の対抗要件）

第467条　指名債権の譲渡は、譲渡人が債務者に通知をし、又は債務者が承諾をしなければ、債務者その他の第三者に対抗することができない。

2　前項の通知又は承諾は、確定日付のある証書によってしなければ、債務者以外の第三者に対抗することができない。

（指名債権の譲渡における債務者の抗弁）

第468条　債務者が異議をとどめないで前条の承諾をしたときは、譲渡人に対抗することができた事由があっても、これをもって譲受人に対抗することができない。この場合において、債務者がその債務を消滅させるために譲渡人に払い渡したものがあるときはこれを取り戻し、譲渡人に対して負担した債務があるときはこれを成立しないものとみなすことができる。

2　譲渡人が譲渡の通知をしたにとどまるときは、債務者は、その通知を受けるまでに譲渡人に対して生じた事由をもって譲受人に対抗することができる。

（同時履行の抗弁）

第533条　双務契約の当事者の一方は、相手方がその債務の履行を提供するまでは、自己の債務の履行を拒むことができる。ただし、相手方の債務が弁済期にないときは、この限りでない。

（債権者の危険負担）

第534条　特定物に関する物権の設定又は移転を双務契約の目的とした場合において、その物が債務者の責めに帰することができない事由によって滅失し、又は損傷したときは、その滅失又は損傷は、債権者の負担に帰する。

2　不特定物に関する契約については、第401条第2項の規定によりその物が確定した時から、前項の規定を適用する。

（停止条件付双務契約における危険負担）

第535条　前条の規定は、停止条件付双務契約の目的物が条件の成否が未定である間に滅失した場合には、適用しない。

2　停止条件付双務契約の目的物が債務者の責めに帰することができない事由によって損傷したときは、その損傷は、債権者の負担に帰する。

3　停止条件付双務契約の目的物が債務者の責めに帰すべき事由によって損傷した場合において、条件が成就したときは、債権者は、その選択に従い、契約の履行の請求又は解除権の行使をすることができる。この場合においては、損害賠償の請求を妨げない。

（債務者の危険負担等）

第536条　前二条に規定する場合を除き、当事者双方の責めに帰することができない事由によって債務を履行することができなくなったときは、債務者は、反対給付を受ける権利を有しない。

2　債権者の責めに帰すべき事由によって債務を履行することができなくなったときは、債務者は、反対給付を受ける権利を失わない。この場合において、自己の債務を免れたことによって利益を得たときは、これを債権者に償還しなければならない。

（解除権の行使）

第540条　契約又は法律の規定により当事者の一方が解除権を有するときは、その解除は、相手方に対する意思表示によってする。

2　前項の意思表示は、撤回することができない。

（履行遅滞等による解除権）

第541条　当事者の一方がその債務を履行しない場合において、相手方が相当の期間を定めてその履行の催告をし、その期間内に履行がないときは、相手方は、契約の解除をすることができる。

（履行不能による解除権）

第543条　履行の全部又は一部が不能となったときは、債権者は、契約の解除をすることができる。ただし、その債務の不履行が債務者の責めに帰することができない事由によるものであるときは、この限りでない。

（解除の効果）

第545条　当事者の一方がその解除権を行使したときは、各当事者は、その相手方を原状に復させる義務を負う。ただし、第三者の権利を害することはできない。

2　前項本文の場合において、金銭を返還するときは、その受領の時から利息を付さなければならない。

3　解除権の行使は、損害賠償の請求を妨げない。

（手付）

第557条　買主が売主に手付を交付したときは、当事者の一方が契約の履行に着手するまでは、買主はその手付を放棄し、売主はその倍額を償還して、契約の解除をすることができる。

2　第五百四十五条第三項の規定は、前項の場合には、適用しない。

（買戻しの特約）

第579条　不動産の売主は、売買契約と同時にした買戻しの特約により、買主が支払った代金及び契約の費用を返還して、売買の解除をすることができる。この場合において、当事者が別段の意思を表示しなかったときは、不動産の果実と代金の利息とは相殺したものとみなす。

（賃貸借の解除の効力）

第620条　賃貸借の解除をした場合には、その解除は、将来に向かってのみその効力を生ずる。この場合において、当事者の一方に過失があったときは、その者に対する損害賠償の請求を妨げない。

第９節　請負

（請負）

第632条　請負は、当事者の一方がある仕事を完成することを約し、相手方がその仕事の結果に対してその報酬を支払うことを約することによって、その効力を生ずる。

（報酬の支払時期）

第633条　報酬は、仕事の目的物の引渡しと同時に、支払わなければならない。ただし、物の引渡しを要しないときは、第624条第１項の規定を準用する。

（請負人の担保責任）

第634条　仕事の目的物に瑕疵があるときは、注文者は、請負人に対し、相当の期間を定めて、その瑕疵の修補を請求することができる。ただし、瑕疵が重要でない場合において、その修補に過分の費用を要するときは、この限りでない。

2　注文者は、瑕疵の修補に代えて、又はその修補とともに、損害賠償の請求をすることができる。

この場合においては、第533条の規定を準用する。

第635条　仕事の目的物に瑕疵があり、そのために契約をした目的を達することができないときは、注文者は、契約の解除をすることができる。ただし、建物その他の土地の工作物については、この限りでない。

（請負人の担保責任に関する規定の不適用）

第636条　前二条の規定は、仕事の目的物の瑕疵が注文者の供した材料の性質又は注文者の与えた指図によって生じたときは、適用しない。ただし、請負人がその材料又は指図が不適当であることを知りながら告げなかったときは、この限りでない。

（請負人の担保責任の存続期間）

第637条　前３条の規定による瑕疵の修補又は損害賠償の請求及び契約の解除は、仕事の目的物を引き渡した時から１年以内にしなければならない。

2　仕事の目的物の引渡しを要しない場合には、前項の期間は、仕事が終了した時から起算する。

第638条　建物その他の土地の工作物の請負人は、その工作物又は地盤の瑕疵について、引渡しの後五年間その担保の責任を負う。ただし、この期間は、石造、土造、れんが造、コンクリート造、金属造その他これらに類する構造の工作物については、10年とする。

2　工作物が前項の瑕疵によって滅失し、又は損傷したときは、注文者は、その滅失又は損傷の時から１年以内に、第634条の規定による権利を行使しなければならない。

（担保責任の存続期間の伸長）

第639条　第637条及び前条第１項の期間は、第167条の規定による消滅時効の期間内に限り、契約で伸長することができる。

（担保責任を負わない旨の特約）

第640条　請負人は、第634条又は第635条の規定による担保の責任を負わない旨の特約をしたときであっても、知りながら告げなかった事実については、その責任を免れることができない。

（注文者による契約の解除）

第641条　請負人が仕事を完成しない間は、注文者は、いつでも損害を賠償して契約の解除をすることができる。

（注文者についての破産手続の開始による解除）

第642条　注文者が破産手続開始の決定を受けたときは、請負人又は破産管財人は、契約の解除をすることができる。この場合において、請負人は、既にした仕事の報酬及びその中に含まれていない費用について、破産財団の配当に加入することができる。

2　前項の場合には、契約の解除によって生じた損害の賠償は、破産管財人が契約の解除をした場合における請負人に限り、請求することができる。この場合において、請負人は、その損害賠償について、破産財団の配当に加入する。

（注文者の責任）

第716条　注文者は、請負人がその仕事について第三者に加えた損害を賠償する責任を負わない。ただし、注文又は指図についてその注文者に過失があったときは、この限りでない。

2 全国の建設工事紛争審査会事務局連絡先

	担当部局	住所	電話番号
中 央 (国土交通省)	中央建設工事紛争審査会事務局（国土交通省土地・建設産業局建設業課紛争調整官室）	〒100-8918 千代田区霞が関2-1-3	03-5253-8111(内24764)
北海道	建設部建設政策局建設管理課	〒060-8588 札幌市中央区北3条西6	011-231-4111(内29718)
青 森	県土整備部監理課建設業振興グループ	〒030-8570 青森市長島1-1-1	017-722-1111(内4240)
岩 手	県土整備部建設技術振興課建設業振興担当	〒020-8570 盛岡市内丸10-1	019-629-5954(直)
宮 城	県土木部事業管理課建設産業振興・指導班	〒980-8570 仙台市青葉区本町3-8-1	022-211-2111(内3116)
秋 田	県建設部建設政策課建設業班	〒010-8570 秋田市山王4-1-1	018-860-2426(直)
山 形	県土整備部建設企画課	〒990-8570 山形市松波2-8-1	023-630-2402(直)
福 島	土木部技術管理課建設産業室	〒960-8670 福島市杉妻町2-16	024-521-7452(直)
茨 城	土木部監理課建設業担当	〒310-8555 水戸市笠原町978-6	029-301-4334(直)
栃 木	県土整備部監理課建設業担当	〒320-8501 宇都宮市塙田1-1-20	028-623-2390(直)
群 馬	県土整備部建設企画課建設業対策室建設業係	〒371-8570 前橋市大手町1-1-1	027-226-3520(直)
埼 玉	県土整備部県土整備政策課訟務担当	〒330-9301 さいたま市浦和区高砂3-15-1	048-830-5262(直)
千 葉	県土整備部建設・不動産業課	〒260-8667 千葉市中央区市場町1-1	043-223-3108(直)
東 京	都市整備局市街地建築部調整課工事紛争調整担当	〒163-8001 新宿区西新宿2-8-1	03-5321-1111(内30761～3)
神奈川	県土整備局事業管理部建設業課調査指導グループ	〒231-8588 横浜市中区日本大通1	045-210-6307(直)
山 梨	県土整備部県土整備総務課建設業対策室	〒400-8501 甲府市丸の内1-6-1	055-223-1843(直)
長 野	建設部建設政策課建設業係	〒380-8570 長野市大字南長野字幅下692-2	026-235-7293(直)
新 潟	土木部監理課建設業室	〒950-8570 新潟市新光町4-1	025-285-5511(内3203)
富 山	土木部建設技術企画課建設業係	〒930-8501 富山市新総曲輪1-7	076-431-4111(内4067)
石 川	土木部監理課建設業振興グループ	〒920-8580 金沢市鞍月1-1	076-225-1712(直)
岐 阜	県土整備部建設政策課	〒500-8570 岐阜市薮田南2-1-1	058-272-8504(直)
静 岡	交通基盤部建設支援局建設業課指導契約班	〒420-8601 静岡市追手町9-6	054-221-3057(直)
愛 知	建設部建設業不動産業課業務・建設業第一グループ	〒460-8501 名古屋市中区三の丸3-1-2	052-954-6502(直)
三 重	県土整備部建設業課	〒514-8570 津市広明町13	059-224-2660(直)
福 井	土木部土木管理課建設業グループ	〒910-8580 福井市大手3-17-1	0776-20-0470(直)
滋 賀	土木交通部監理課建設業担当	〒520-8577 大津市京町4-1-1	077-528-4114(直)
京 都	建設交通部指導検査課建設業担当	〒602-8570 京都市上京区下立売通新町西入薮ノ内町	075-451-8111(内5223)
大 阪	住宅まちづくり部建築振興課建設指導グループ	〒540-8570 大阪市中央区大手前2	06-6210-9736(直)
兵 庫	県土整備部県土企画局総務課建設業室	〒650-8567 神戸市中央区下山手通5-10-1	078-341-7711(内4575)
奈 良	県土マネジメント部建設業指導室	〒630-8501 奈良市登大路町30	0742-27-5429(直)
和歌山	県土整備部県土整備政策局技術調査課建設業班	〒640-8585 和歌山市小松原通1-1	073-432-4111(内3070)
鳥 取	県土整備部県土総務課建設業担当	〒680-8570 鳥取市東町1-220	0857-26-7676(直)
島 根	土木部土木総務課建設産業対策室	〒690-8501 松江市殿町1	0852-22-5185(直)
岡 山	土木部監理課建設業班	〒700-8570 岡山市内山下2-4-6	086-226-7463(直)
広 島	土木局土木総務課	〒730-8511 広島市中区基町10-52	082-513-3813(直)
山 口	土木建築部監理課建設業班	〒753-8501 山口市滝町1-1	083-933-3629(直)
徳 島	県土整備部建設管理課建設業振興指導室振興指導担当	〒770-8570 徳島市万代町1-1	088-621-2523(直)
香 川	土木部土木監理課契約・建設業グループ	〒760-8570 高松市番町4-1-10	087-832-3506(直)
愛 媛	土木管理局土木管理課建設業係	〒790-8570 松山市一番町4-4-2	089-912-2644(直)
高 知	土木部建設管理課建設業担当	〒780-8570 高知市丸ノ内1-2-20	088-823-9815(直)
福 岡	建築都市部建築指導課建設業係	〒812-8577 福岡市博多区東公園7-7	092-651-1111(内4677)
佐 賀	県土づくり本部建設・技術課	〒840-8570 佐賀市城内1-1-59	0952-25-7153(直)
長 崎	土木部監理課建設業指導班	〒850-8570 長崎市江戸町2-13	095-824-1111(内3015)
熊 本	土木監理課建設業班	〒862-8570 熊本市水前寺6-18-1	096-383-1111(内6019)
大 分	土木建築部土木建築企画課建設業指導班	〒870-8501 大分市大手町3-1-1	097-536-1111(内4515)
宮 崎	県土整備部管理課建設業担当	〒880-8501 宮崎市橘通2-10-1	0985-26-7176(直)
鹿児島	土木部監理課建設業指導係	〒890-8577 鹿児島市鴨池新町10-1	099-286-2111(内3508)
沖 縄	土木建築部土木総務課建設業指導契約班	〒900-8570 那覇市泉崎1-2-2	098-866-2384(直)

3　民間(旧四会)連合協定 工事請負契約約款委員会構成七団体及び各種工事請負契約約款販売所

1．構成七団体

一般社団法人　日本建築学会
〒108-8414　東京都港区芝５-26-20
TEL 03-3456-2051
http://www.aij.or.jp/

一般社団法人　日本建築協会
〒540-6951　大阪市中央区大手前１-７-31 OMM ビル７階Ｂ室
TEL 06-6946-6981
http://www.aaj.or.jp/

公益社団法人　日本建築家協会
〒150-0001　東京都渋谷区神宮前２-３-18 JIA 館
TEL 03-3408-7125
http://www.jia.or.jp/

一般社団法人　全国建設業協会
〒104-0032　東京都中央区八丁堀２-５-１　東京建設会館５階
TEL 03-3551-9396
http://www.zenken-net.or.jp/

一般社団法人　日本建設業連合会
〒104-0032　東京都中央区八丁堀２-５-１　東京建設会館８階
TEL 03-3553-0701
http://www.nikkenren.com/

公益社団法人　日本建築士会連合会
〒108-0014　東京都港区芝５-26-20 建築会館５階
TEL 03-3456-2061
http://www.kenchikushikai.or.jp/

一般社団法人　日本建築士事務所協会連合会
〒104-0032　東京都中央区八丁堀２-21-６　八丁堀 NF ビル６階
TEL 03-3552-1281
http://www.njr.or.jp/

2．民間(旧四会)連合協定工事請負契約約款委員会

〒108-0014　東京都港区芝５－26－20 建築会館
http://www.gcccc.jp/

3．民間(旧四会)連合協定 各種工事請負契約約款　販売所

前記構成七団体のうち、一般社団法人 日本建設業連合会を除く団体の事務局及び以下の団体事務局で販売

一般社団法人　公共建築協会
〒104-0033　東京都中央区新川１－24－８ 東熱新川ビル６階
TEL 03-3523-0381
http://www.pbaweb.jp/

4．小規模建築物・設計施工一括用工事請負等契約約款及び リフォーム工事請負契約約款　販売所

前記構成七団体のうち、一般社団法人 日本建設業連合会を除く団体の事務局

民間(旧四会)連合協定
小規模建築物・設計施工一括用工事請負等契約約款
及び
リフォーム工事請負契約約款の解説

2016年10月15日　第１版第１刷発行

編　著　民間(旧四会)連合協定 工事請負契約約款委員会
一般社団法人　日　本　建　築　学　会
一般社団法人　日　本　建　築　協　会
公益社団法人　日 本 建 築 家 協 会
一般社団法人　全 国 建 設 業 協 会
一般社団法人　日 本 建 設 業 連 合 会
公益社団法人　日 本 建 築 士 会 連 合 会
一般社団法人　日本建築士事務所協会連合会

発行者　松　林　久　行

発行所　株式会社大成出版社

〒 156‐0042　東京都世田谷区羽根木１―７―11
電話　(03) 3321―4131（代）
http://www.taisei-shuppan.co.jp/

印刷　亜細亜印刷

ISBN 978-4-8028-3255-7